# 건축가 엄마와
# 한 번쯤 인문학 여행

◇ 당신은 언제나 옳습니다. 그대의 삶을 응원합니다. – **라의눈 출판그룹**

# 건축가 엄마와 한 번쯤 인문학 여행

**초판 1쇄** 2021년 5월 6일

**지은이** 최경숙
**펴낸이** 설응도 **편집주간** 안은주
**영업책임** 민경업 **디자인책임** 조은교

**펴낸곳** 라의눈

**출판등록** 2014년 1월 13일 (제 2019–000228 호)
**주소** 서울시 강남구 테헤란로 78 길 14–12(대치동) 동영빌딩 4 층
**전화** 02–466–1283 **팩스** 02–466–1301

**문의 (e–mail)**
**편집** editor@eyeofra.co.kr
**마케팅** marketing@eyeofra.co.kr
**경영지원** management@eyeofra.co.kr

ISBN : 979-11-88726-79-0 13980

# 건축가 엄마와 한 번쯤 인문학 여행

너무 무겁지도 너무 가볍지도 않은 우리나라 건축·역사 기행

| 최경숙 지음 |

라의눈

# 머리말

두 아이의 엄마로, 건축가로 균형 있는 삶이 무엇인지 늘 질문을 던지며 살고 있습니다. '자연'을 운명적 관계로 받아들인 전통 건축의 가치를 좋아합니다. 오랫동안 다닌 답사는 저만의 고유의식이 되었고 앞선 두 권의 책을 집필하면서 '글쓰기'라는 역할이 시작되었습니다.

도시에 온기가 비집고 들어오고, 그저 나무 한 그루와 교감할 수 있는 틈새 공간이 많아졌으면 좋겠습니다. '배려'와 '관용' 있는 건축 공간들이 많아져 '삶'이 중심이 되는 소소하지만 활기찬 도시가 되길 바라며 건축 디자인 작업을 해나가고 있습니다.

그동안 꽤 긴 시간 동안 기고했던 글들을 모아 세 번째 책을 세상에 내놓습니다.

가볍게 썼던 글들에 적당히 무게감을 얹었고, 풍경이 역사가 되는 강, 산, 계곡, 폐사지 등에서는 저의 속내를 풀어놓기도 했습니다. 영감을 주는 도시에서는 건축가로서 현대건축을 바라보는 올바른 태도도 배웠습니다. 여태 모르는 도시들이 많음을 다시 알았고, 그렇게 배워갔고, 세상도 더 들여다보았습니다.

답사는 옛 자취를 찾으며 걷고 두리번거리며 생각하는 행위입니다. 장소가 갖는 의미에 질문을 던지다 보면 때때로 사회적인 벽에 부딪힌 나를 게워내기도 합니다. 옛 장소를 이해할 때 배려가 키워지고 시야가 넓어지는 것도 깨닫습니다.

땅과 그 땅에 자취를 남긴 사람들의 이야기가 여전히 재미있고 흥미롭습니다. 아직 찾아갈 도시가 많아 그들의 사정도 계속 들어볼 생각입니다. 도시란 일견 번화한 듯 보이지만 그 속엔 결코 찾지 않으면 보이지 않는 신기루가 숨어 있습니다. 이 책이 땅의 의미, 도시의 의미를 찾는 이들에게 좋은 영감의 원천이 되길 바라봅니다.

2021년 4월<br>최경숙

# 전통 건축 용어 정리

## ❀ 칸의 개념

칸은 기둥과 기둥 사이를 말한다. 한식 목구조의 기둥 간격은 규모와 기능에 상관없이 칸의 개념이 단위로 사용되었다. 1칸은 보통 7~10자(1자=약 30.3cm) 정도의 길이를 말한다. 건물이 정면 3칸 측면 2칸이라는 것은 길이의 개념이지만 면적은 3×2 = 6으로 총 6칸을 의미한다.

## ❀ 지붕모양

**맞배지붕** 건물의 앞뒷면만 지붕면이 보이는 지붕으로 옆에서 보면 'ㅅ'자 모양이다. 지붕구조 중 가장 간단한 형식이다.

**우진각지붕** 일명 모임지붕으로 건물 4면에 경사진 지붕면이 있고 4면이 용마루에서 만난다.

**팔작지붕** 맞배지붕과 우진각지붕의 절충형으로 합각벽이 만들어진다. 외관이 가장 화려하다.

①맞배지붕 ②우진각지붕 ③팔작지붕

우진각지붕은 화살에 맞지 않도록 성문에 주로 사용했다. 빗물이 건물 안으로 들어오는 것을 막는 데도 유리해 주거의 곡간채에도 많이 사용했다. 팔작지붕은 화려한 외관 덕에 주택의 사랑채, 사찰 주불전, 관청건물 등 중요한 건물에 주로 사용했다.

## 지붕구조

**도리** 정면에서 좌우 기둥 위를 수평으로 잇는 둥근 부재로 보와 직각으로 놓여 지붕을 떠받친다.

**보(대들보)** 보는 앞뒤 기둥 위를 연결하는 부재로 도리와 마찬가지로 지붕을 떠받친다. 대들보는 기둥이 3개 이상일 때 주요 기둥 2개를 잇는, 두께가 큰 보를 뜻한다.

**서까래** 'ㅅ'자 지붕면을 만드는 뼈대로 지붕의 가장 중요한 부재. 서까래가 건물 밖으로 튀어나온 부분이 '처마'다.

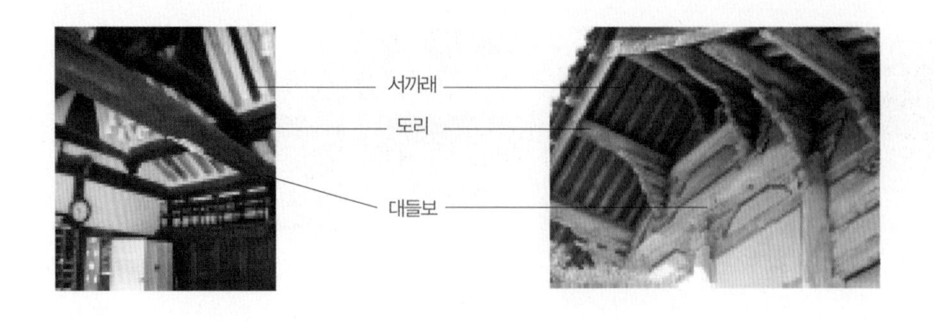


## 공포

기둥과 지붕 사이에 놓여 지붕의 무게를 지탱하고 그 무게를 기둥에 전달한다.

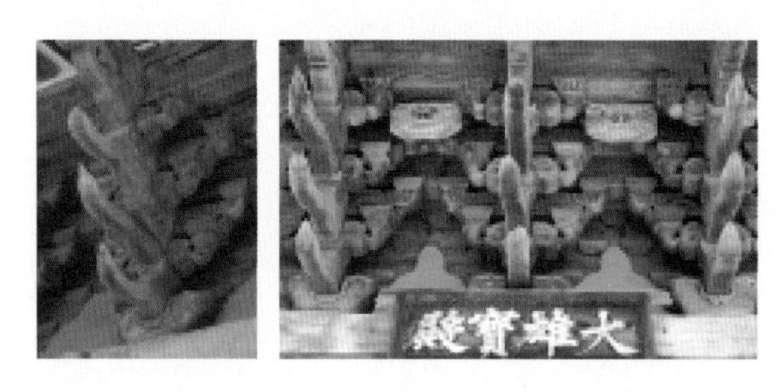


포작(좌) 포의 모임, 공포(우)

**포작(包作)** 기둥 위에 놓여 지붕의 무게를 기둥에 전달하는 부재의 조합이다. 하나의 포(包)가 모여 공포를 이룬다. 포작은 소로, 첨차, 살미 등의 여러 부재들로 구성된다.

**공포(拱包)** 기둥 위에 놓여 지붕의 무게를 기둥에 전달하는 포의 전체. 공포 위로 보와 도리 등 지붕을 받치는 중요 부재가 올라간다.

**주심포(柱心包)형식** 기둥 위에만 공포가 있는 형식이다.

**다포(多包)형식** 기둥 위뿐 아니라 기둥 사이에도 공포가 있는 형식이다. 격식이 높은 건물이나 사찰건축의 대웅전 등 주요 건물에 사용되며 대부분 팔작지붕을 얹는다.

**창방(昌防)** 기둥머리에 연결된 사각 부재로 기둥과 기둥을 서로 연결하는 역할을 한다.

**평방(平防)** 창방 위에 놓이는 수평 부재로 기둥 위를 가로지르고 그 위에 공포가 올라앉는다. 다포형식에 사용된다.

기둥에만 공포가 있는 주심포 형식(위) 기둥과 기둥 사이에도 공포가 있는 다포 형식.(아래) 주심포 형식은 평방이 없다. 기둥 사이에 공포가 없기 때문이다.

| 차례 |

# 반딧불이가 사랑한 산천, 무주

# 물길과 뭍길의 고장, 충주

## 소나무 아래 참꽃, 여주



## 예술가가 사랑한 바다, 통영

## 날이 차가워진 뒤에야 소나무의 푸름을 안다, 예산

## 거친 역사 자비로 어루만지다, 강경·논산

## 바다로 가는 길, 인제



## 희망을 바라보다, 파주

## 영산강 따라 천년 고을로, 목포·나주

## 바우, 바다 그리고 사람, 양양

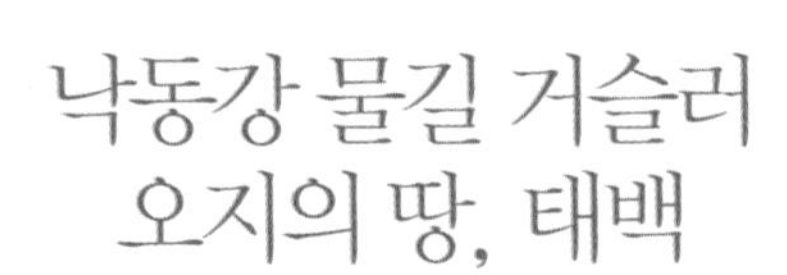

# 낙동강 물길 거슬러 오지의 땅, 태백

멀리 휘어진 골 끝에 태백산맥이 나를 이끈다. 저 산 너머 무엇이 있을까. 산에는 걷게 만드는 마력이 있다. 물을 끼고 첩첩산중을 걷는 것은 끝을 예측할 수 없는 인생 같다.

양원역에서 바라다본 낙동강 상류의 모습. 태백산맥이 쏟아내는 물길은 훼손되지 않은 원형의 공간으로 평생을 흐른다.

① 양원역

봉화군 소천면 분천리 113-2

② 승부역

봉화군 석포면 승부리 산 105

③ 황지연못

태백시 황지연못길 12

④ 검룡소

태백시 창죽동 산 1-1

⑤ 철암탄광역사촌

태백시 동태백로 402

⑥ 상장동 벽화마을

태백시 상장남길 일대

# 낙동강
# 상류를 거슬러

◉ 원곡마을, 양원역–승부역 트래킹

마을 주민들이 봉화군 춘양면 5일 장에 가려면 기차를 타기 위해 분천역이나 승부역까지 약 4km의 낙동강 상류 기찻길을 따라 걸어야 했다. 터널 속을 걷다 기차 소리라도 들리면 벽에 바짝 기대 온 힘을 실어 눈을 감았다. 장에서 생필품을 사서 돌아가는 길, 기차가 마을을 지날 때쯤 짐보따리를 기차 밖으로 던져야 다시 마을로 되

마을 주민들이 직접 삽을 들어 만든 국내 최초의 민자 역사 양원역의 모습. 그 전에는 기찻길 따라 4km를 걸어야 기차를 탈 수 있었다.

돌아가는 4km가 덜 곤혹스러웠다. 1988년 올림픽이 열리던 해, 목숨을 걸고 춘양으로 오가던 오지 마을 주민들은 간이 역사를 지어달라고 탄원서를 제출한다. 나라의 큰 이벤트 앞에 아량이 조금 넓어졌던 걸까. 간이역 허가는 내주지만 역은 만들어 줄 수 없다는 통보를 받는다. 주민들은 시멘트 값을 십시일반 모았고 직접 삽을 들어 조촐하게 역를 세운다. 우리나라 최초의 민자 역사 '양원역'은 이렇게 탄생했다. 양원역은 '양쪽의 원곡마을'이라는 뜻이다. 원곡마을은 낙동강을 사이에 두고 봉화군과 울진군의 주민들이 함께 거주한다. 일제강점기 전까지는 행정구역이 같았다고 한다.

낙동강 협곡열차는 낙동강 상류의 오지를 통과한다. 그중 봉화 분천역에서 시작해 태백 철암역까지 이르는 v-train은 기차 안에서 오롯이 낙동강 상류를 감상할 수 있다. 그리고 양원역에 잠시 정차하는데 작은 장터가 열리고 관광객들은 주전부리로 심심한 입을 달랜다. 양원역에서 승부역까지 약 5.6km는 지금도 열차 외에는 그 어떤 교통수단도 연결되지 않는다. 자연스레 트래킹 코스가 되었고, 고난과 소망이 교차했던 이 길은 여전히 단단히 다져지고 있다. 기차 안에서 낙동강 풍경을 흘려보내는 것이 아쉬워 트래킹을 위해 양원역을 다시 찾았다. 요란한 기차소리만 인기척이 될 뿐, 홀로 무한의 공간에 던져졌다. 허리를 휘며 사라지는 기차에 시선이 붙다가 골 끝의 태백산맥이 나를 이끈다. 저 산 너머 무엇이 있을까. 물을 끼고 첩첩산중을 걷는 것은 끝을 예측할 수 없는 인생 같다.

낙동강으로 시선을 내리니 전날 내린 폭우 탓에 물살이 거칠다. 결국 불어난 물이 양원역에서 출발하는 트래킹 길을 삼켜버렸기에, 위쪽의 승부역으로 이동해 다시 트래킹을 시작했다. 예전 승부역에서 내린 원곡마을 사람들이 걸었던 길이다. 이곳에서는 물을 거슬러 가는 게 아니라 같은 방향으로 걷는다. 한 방향으로 흐르는 물살은 거스를 수 없는 절대적인 힘을 갖는다. 그 힘을 이길 수 없다는 무의식이, 작은 공포 한줌을 만든다. 인위적인 포장 없이 그저 길들임을 알려주는 자연스런 숲길이 이어졌다. 눈을 현혹시키던 풍경 속으로 들어오니 길 따라 자연의 질감과 표정이 모두 다르게 와 닿는다. 행여 물에 젖을까 땅을 보고 걷다가 땅의 다채로움도 보게 된다. 둥글둥글 자갈땅부터 빛바랜 솔잎으로 덮인 흙바닥까지 바닥을 보는 재미가 있다. 불쑥 암반 길까지 나타나면 길을 예측할 수 없는 오지임을 새삼 깨닫

봉화, 태백 방면 낙동강 상류는 협곡열차를 타야 그 풍경을 볼 수 있다. 지금도 양원역에서 승부역까지 약 5.6km 구간은 열차 외에는 연결되지 않아 자연스레 트래킹 코스가 되었다.

는다. 화창한 날씨였다면, 길이 끊어지지 않았다면, 어쩌면 몰랐을 풍경이었겠다 싶다. 어떤 상황이든, 어떤 순간이든 그 시간만이 주는 지혜가 있다.

날씨는 트래킹 길의 운명을 갈라놓는다. 푸른 하늘이 먹구름에 가려 시야에서 사라지면, 세찬 물길은 나를 더 고립시킨다. 뜻하지 않게 폭우나 눈보라를 만났을 때도 마을 사람들은 자연의 변덕을 받아들이며 걸었을 것이다. 고단했던 세월의 지층이 오지 길에 쌓여 있다. 어느덧 두껍게 누르던 구름이 얇아지더니 햇살이 틈새를 놓치지 않고 땅에 빛을 비춘다. 따스함이 내 몸에 포개지더니 마음까지 어루만진다. 빛 덕에 낙동강은 흙빛에서 벗어났고 단풍잎들도 마지막으로 생기를 얻었다. 빛과 어둠이 수시로 교차하는 흐린 날의 산은 만감(萬感)을 만든다. 어차피 양원역 가까이 가면 길이 끊

암석 바닥부터 둥글둥글 자갈땅과 빛바랜 솔잎으로 덮인 흙바닥까지, 낙동강 상류 트래킹 길은 다채로웠다.

겠을 테니 협곡열차를 만나는 지점에서 다시 발길을 돌렸다. 골을 나가려면 시간이 걸릴 텐데, 태백산맥은 그 스케일과 영원성으로 나의 입을 막고 그저 걷고 걸으라 한다. 서울서 출발하고 해까지 짧아진 탓에 어둠까지 나를 재촉한다. 나를 내모는 게 어둠인지 태백산맥인지 흐릿한 의문을 흘려보내며 급하게 골을 빠져나왔다.

봉화 분천역에서 시작해 태백 철암역까지 달리는 낙동강 협곡열차, v-train은 기차 안에서 오롯이 낙동강 상류를 볼 수 있다.

# 오지,
# 강의 심장을 품다

◉ 낙동강 발원지 황지연못,
한강의 발원지 검룡소

태백시는 고원성 산지에 자리 잡아 전 지역이 높고 험준하다. 평야가 거의 없고 도시도 산골짜기 따라 좁은 평지에 들어서 커다란 시가지를 갖는 데 한계가 있다. 시원스런 길 대신 골 따라 휘어진 터덜터덜한 길도 많다. 그래서 어디든 산골짜기에 들어온 느낌을 받는다. 발길 닿기가 쉽지 않지만 깊은 골 덕에 강의 심장을 두 곳

도심 속 황지연못의 모습. 황지연못에서 발원한 낙동강은 태백 봉화를 거쳐 골골의 물을 모아 영남을 훑고 부산 을숙도에서 남해로 사라진다.

이나 품었다. 바로 낙동강과 한강의 발원지가 이곳에 있다. 낙동강은 태백시 황지연못에서 발원해 골골의 물을 모아 영남을 훑다가 부산 을숙도에서 510.36km의 대장정을 끝맺고 남해에서 영면한다. 황지연못은 태백 도심 한복판에 있다. 스쳐가는 사람부터 구경 나온 시민들까지 연못은 동네 공원처럼 편안했다. 모질고 긴 겨울이 오기 전, 마지막 열정을 불사르는 단풍나무가 연못에 드리워져 시선을 끈다. 그 아래 떨어진 낙엽이 울긋불긋 꽃처럼 화사하다. 황지연못은 상지, 중지, 하지로 나뉘고 하루 5,000톤의 물을 쏟아낸다. 가까이 가보니 연못 바닥에서 끊임없이 물이 솟아오르고 있었다.

연못 터에는 원래 황부자가 살았다는 이야기가 전해온다. 어느 날 한 노승이 시주를 받으러 오자 황부자는 쇠똥을 퍼준다. 이에 며느리가 사과하며 쌀 한 바가지를 시주하자, 노승은 이 집의 운이 다할 것이니 자신을 따르되 절대 뒤를 돌아보지 말라고 경고한다. 그를 따르던 며느리는 집 쪽에서 하늘이 무너지는 소리가 들리자 뒤를 돌아보았고 결국 돌이 되고 만다. 황부자집은 땅 속으로 꺼져 큰 연못이 만들어졌고 황부자는 이무기가 되었다고 한다. 일 년에 한두 번 연못이 흙탕물로 변하기도 하는데 이무기가 된 황부자의 심술 탓이라 여겼다. 태백시 대덕산 금대봉 작은 소(沼)에도 이무기가 산다. 서해에 살던 이무기가 용이 되고 싶어 강을 거슬러 금대봉 물속으로 들어갔고 천년이 지나면 용으로 변해 물의 신이 될 수 있다는 것이다. 이렇게 한강의 발원지 '검룡소'도 이무기를 품고 끝없이 물을 쏟아낸다.

한강의 발원지, 명승 제73호 검룡소의 모습. 위쪽 작은 소(沼)의 굴에서 지하수가 하루 2000~3000톤씩 석회암반을 뚫고 나와 힘차게 폭포를 이루며 쏟아진다.

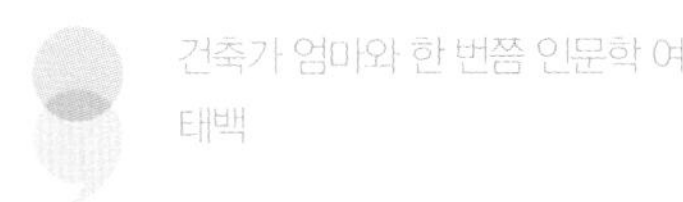

검룡소로 가는 늦가을 산길, 번데기처럼 오그라든 나뭇잎이 겨우 가지에 붙어 있고 '이끼'로 초록을 입은 바위만이 생명을 거둬가는 숲에 생기를 건넨다. 그래도 전날 비가 많이 와 물소리는 시원스럽고 청아하다. 야무지게 꽈리를 튼 계곡 따라 오붓한 숲길이 이어지다 희미하게 폭포 비슷한 소리가 들린다. 걸을수록 소리의 질감이 강해지고 검룡소에 가까워짐을 직감한다. 어느덧 세찬 포효 앞에 서면 물을 토해내는 검룡소와 대면한다. 위에서 생명수가 뜨거운 열정을 쏟아내는데 용이 되려는 욕망은 오지 산골에서도 강렬하다. 검룡소는 작은 웅덩이지만 지하수가 하루 2,000~3,000톤씩 석회암반을 뚫고 나온다. 가까이 다가가 소를 내려다보았다. 잔잔하게 고인 물웅덩이에서 지하수가 고요하게 회오리를 일으키며 끝없이 올라온다. 한강의 대장정은 이 작은 소용돌이에서 시작된다. 검룡소에서 발원한 물줄기는 여러 강을 합류시키고 수없이 방향을 틀며 480km가 넘는 대장정을 끝낸 후 서해로 스며든다. 때로는 황지연못으로 흘러가 낙동강이 되기도 하고 강원도 삼척시 도계읍에 있는 한 샘과 합쳐져 동해로 가기도 한다. 용이 되겠다는 이무기의 욕망이 한반도 모든 강줄기에 퍼져 있다.

# 잊혀진 시대를 되새기다

◉ 철암 탄광역사촌, 상장동 벽화마을

봉화 분천역에서 시작한 v-train은 태백 철암역에서 사람들을 풀어놓는다. 그리고 탄광 도시 태백을 바라보게 한다. 남한 최초로 석탄이 발견되어 우리나라 산업 발전사의 중추 역할을 했던 태백. 오지의 땅이 만든 고생대 식물군이 석탄을 내놓았고 일제강점기때 만들어진 국내 최초의 무연탄 선탄시설(원탄을 선별, 가공, 처리하는

철암역 탄광역사촌의 옛 건물들 전경. 강변에 기댄 옛 건물들 틈에서 아이를 업고 손을 흔드는 한 여인상이 보인다. 비록 동상이지만 한국 산업사에 몸을 갈아 넣었던 그 시절의 애환이 묻어 있다.

시설) '태백 철암역두 선탄시설'은 등록문화재로 지정되어 원형 그대로 현재까지 사용 중이다. 열악한 환경 속에서도 국가 산업의 밑거름이 된 그들의 노고가 과장 없이 철암역에 남아 있다. 철암역 탄광역사촌은 건물들 내부를 비운 후, 당시 탄광촌 생활을 전시하고 있어 생활사 박물관 역할을 한다. 강변에 기댄 옛 건물들 틈에서 아이를 업고 손을 흔드는 한 여인상이 보인다. 비록 동상이지만 한국 산업사에 몸을 갈아 넣었던 그 시절의 애환이 묻어 있다. 한때 칠흑 같은 어둠 속에서 검은 황금을 캐냈지만, 풍요롭던 시절은 갑작스런 몰락으로 덧없이 져버렸다.

탄광 광업소가 빠져나가고 사람들도 쓸려나가니 장사가 잘될 리가 없었다. 침체의 기운이 공동체 전체에 번지면서 허망함이 도시에 드리워졌다. 험준한 산세는 그런 그들을 더욱 고립시켰다. 떠난 사람은 떠나도 남은 사람들은 살아남아야 했다. 결국 태백시는 2011년 뉴빌리지 운동의 일환으로 벽화사업을 시작한다. 상장동 남부마을은 함태광업소의 사택촌이었다. 1970년 호황기 때는 광부 4000여 명이 가족들과 함께 모여 살았다. 어르신들은 볼멘소리를 했다. 굳이 탄광촌의 애환과 슬픔을 보여주고 싶지 않았던 것이다.

하지만 공동체의 이해로 이 지역만이 갖는 역사성과 장소성을 기억하는 장치, '벽화'를 통해 마을은 새로운 전환을 맞는다. 상장동 벽화마을을 걸으

탄광 폐쇄로 지역이 침체화되자 2011년 태백시는 뉴빌리지 운동을 시작했다. 이 사업의 일환으로 태백시 상장마을은 벽화마을로 재탄생했다.

면 당시의 생활이 벽화에 각인되어 그 시절이 꿈틀댄다. 강아지가 돈을 물고 다닐 정도로 풍요로웠던 모습부터 도시락을 깜빡한 아버지에게 소리치는 아이들, 지하 깊은 곳에서 하얀 이를 드러내며 웃음으로 고단함을 이기는 아버지들. 그들의 애환이 벽화에 스며들었다. 함께 모여 살았던 그 시절대로 집들은 대문 없이 현관이 길에 바로 접해 있다. 길목에 신발을 모아 놓았고 시래기가 걸려 있으며 빗자루는 벽에 기대어 서 있다. 도시가스통은 꽃을 담는 꽃병이 되었고 아버지와 아들의 그림이 문패를 대신한다. 늦가을 해질녘, 느적느적 마을을 기웃거리는데 할머니가 손주들에게 뭐라 하시는 소리가 들린다. 반쯤 열어놓은 문틈으로 우리를 발견하고는 버럭 문을 닫으신다. 지난 세월의 고단함이, 지금의 활기참이, 사생활이 쉽게 드러나는 길목에 뒤섞여 하늘로 새어나간다. 1960년대 광산 사원증만 있으면 장가가기 쉬웠던 시절, 젊고 건강했던, 돈 잘 벌던 그 시절이 그립다던 벽화의 글. 누구나 그 시절의 내가 부러울 때가 있으니 탄광촌 사람들도 우리와 같은 인생을 살았다. 그래도 벽화 덕에 이 마을이 기억되고 회자되는 게 고맙다. 고단함을 쓰다듬는 시간과 삶의 강인함이 벽화 속에서 새롭게 피어났다.

여름 평균기온이 19도 안팎인 태백은 여름이면 100만 송이 해바라기 축제가 열린다. 가을이면 고랭지 배추로 유명한 귀네미 마을에서는 배추꽃이 산을 덮는다. 무엇보다 겨울이 긴 고원지대에서 진짜 주인은 눈이다. 겨울이면 태백시는 눈꽃 축제로 가장 북적인다. 그 시절, 황지초등학교 교정에서 열렸던 그림대회에서 아이들의 도화지는 늘 산도 검고 하천도 검고 사람도 검었지만 이제는 눈꽃 축제로 모든 것이 새하얗다. 지금 아이들의 도화지 속 세상은 과연 무슨 색일까.

# 화전민의 보금자리, 너와집와 굴피집

골이 깊은 산골은 농사지을 땅도 부족하고 그 땅조차 척박하다. 작물을 키우기 위해서는 산등성이의 나무들을 불태워 땅을 개척해야 했는데 임의로 개간해 농경지로 사용하는 토지를 화전(火田)이라 한다. 이곳에서는 기와는 물론이고 볏짚을 얻기가 어려웠기에 주변 나무를 이용해 지붕을 덮었다. 소나무와 전나무를 너른 판재로 잘라 지붕 재료로 사용한 집을 너와집이라 한다. 전통가옥의 지붕 재료에는 그 지역의 환경적 필연성이 뚜렷이 나타난다. 너와집은 개마고원을 중심으로 함경도, 평안도, 강원도 등 산간지역에 분포한다. 강원도 태백산맥 골 아래에는 1970년대 초까지 너와집들이 있었지만 지금은 문화재로 지정된 집들만 명맥을 유지하고 있다. 너와집은 주로 밭 '전(田)'자 형식의 겹집으로 일반 전통가옥의 홑집과 구별된다. 겹집은 보통 추운 지역에 분포하는데 각 방들이 서로 붙어 있어 열 손실을 최소화한다. 외진 산골에서 맹수로부터 가축을 보호하기 위해 마구간까지 내부로 들어온다. 태백에는 문화재로 지정된 너와집은 남아 있지 않다. 단지 태백시 백산 큰번지골에서 해체, 이전해 온 너와집 하나가 상장동에서 음식점으로 사용되고 있다. 삼척의 너와집들은 사람이 거주하거나 내부가 공개되지 않아 자세히 보기 어렵지만, 이 집은 너와집의 내부 구조를 볼 수 있어 그 구성을 익히는 데 도움이 된다.

### ❁ 태백산맥 따라, 태백과 삼척의 너와집

태백은 인간이 살기에 척박한 골 속, 광부들의 고된 일상과 화전민의 생활양식이 녹아 있다. 태백 상장동에 위치한 '너와집'은 방치되어 있던 150년 된 폐가를 1994년 지역 인사들의 기획으로 8개월간의 이전 복원작업을 거쳐 현재의 자리에 옮겨온 것이다. 약 145㎡의 규모로 현존하는 너와집 중 가장 크다. 비록 약간의 변형이 생겨 문화재로 지정되진 못했지만 너와집의 내부 구조를 면밀히 살펴볼 수 있다. 정면 3칸 측면 3칸의 규모로 총 9칸 중 마루 2칸, 사랑방 2칸, 안방 2칸, 마구간 1칸, 정지(부엌) 1칸, 봉당 1칸으로 이뤄졌다. 문을 들어서면 봉당이 나오는데 봉당은 일종의 현관 및 실내작업 공간으로 보통 흙으로 마감하지만 지금은 돌로 바뀌었다. 봉당은 각 방과 정지, 마구간을 오가는 통로이자 마당의 역할도 한다. 봉당 왼편에는 정지가, 오른편에는 마구간이 놓여 있다. 정지와 봉당 사이의 벽체에는 '두둥불'을 두는 자리를 뚫어놓았는데 두둥불은 집안을 밝히는 조명 역할을 한다. 봉당 정면으로 길쭉한 마루가 보이고 그 좌우에 안방과 사랑방이 놓여 있다. 사랑방은 쇠죽을 끓이는 아궁이가 있고 마구간과 서로 마주본다. 내부공간에서 가장 특이한 점은 한국식 전통 벽난로인 '코클'인데 산간지방의 화전민 집에서 보이는 특징이다. 보통 구석 모서리에서 바닥보다 높이 띠워 불을 피웠는데 난방과 조명의 역할을 동시에 담당했다. 이러한 겹집은 추위에는 강하지만 환기가 문제인데, 그 해결 방법을 지붕에 담았다. 용마루 양쪽에 삼각형 모양의 구멍이 만들어지도록 구조를 이뤘는데 이곳을 마감하지 않고 집안의 연기가 나가도록 했다. 이 구멍을 까치구멍이라 부른다. 봉당, 마구간, 정지 부분은 나무 판재로 마감해 판재 틈새 사이로도 환기가 이뤄졌다.

너와는 지름 30㎝ 이상의 나무결이 바른 적송이나 전나무를 사용했는데 보통 가로 20~30㎝, 세로 40~60㎝, 두께 4~5㎝ 정도의 크기로 잘라낸 나무토막을 잇는다. 통나무는 반드시 도끼로 결 따라 쪼개야 비가 새지 않는다. 너와는 처마부터 쌓아 올린 뒤 바람에 날아가는 것을 방지하기 위해 무거운 돌을 올리거나 통나무를 처마와 평행하게 올려놓는다. 삼척 신리 일대에는 현재 너와집 2채와 생활 유물들인 물레방아, 통방아, 김치통, 설피(눈이 쌓였을 때 짚신 위에 덧신는 것) 등이 국가민속문화재 제33호로 지정되어 있다. 이 중 '김진호 가옥'은 대략 150년 전에 지어졌는데 입구 왼쪽에 화장실이 따로 분리되어 있다. 사람이 살지 않지만 너와집의 외관을 꼼꼼히 살펴볼 수 있다.

①태백의 너와집 전경 ②마루에서 출입구를 바라본 봉당의 모습. 봉당은 흙으로 마감된 일종의 현관 및 실내작업 공간으로 지금은 돌로 마감되었다. 오른쪽의 솥 2개가 올라와 있는 작은 아궁이는 불씨를 보관하던 시설인 '화티'이다. ③부엌 벽체에는 조명을 위한 '두둥불'의 자리를 뚫어놓았다. ④왼쪽 모서리에 한국식 전통 벽난로인 '코클'이 보인다. ⑤마루 좌우에 안방과 사랑방이 각각 놓인다. 오른쪽은 마구간으로 쇠죽을 끓이는 아궁이가 보인다. 따라서 그 앞에 놓인 방이 사랑방이다. ⑥마구간의 모습

①삼척 신리의 '김진호 가옥'의 사랑방 쪽 모습 ②안방 쪽 모습. 용마루 아래 까치구멍이 보인다.

## 삼척 대이리 굴피집

삼척과 태백을 경계 짓는 것이 덕항산이다. 이 산을 넘으면 화전을 일구는 땅이 많아 덕메기산이라 불리었고 한자로 덕하산이던 이름이 덕항산으로 바뀌었다 전해진다. 그 아래 오십천도 태백과 삼척을 연결하는데 심심산골 끝을 모를 물줄기를 따라 걷다 보면 환선굴 입구를 지나 너와집(국가민속문화재 제221호)과 굴피집(국가민속문화재 제223호)이 나온다. 굴피는 참나무 껍질을 일컫는 말로 1930년경 너와 채취가 어려워지자 굴피를 사용했는데, 지붕 재료만 다를 뿐 내구 구조는 같다. 다만 삼척 지역에서 보이는 특이점이 있는데, 정면 출입구가 있지만 마구간 쪽에 또 다른 출입구가 있는 측입형이란 점이다. 대이리의 너와집과 굴피집은 지금도 사람이 살고 있는데 모두 측면 출입을 하고 있었다. 굴피집은 음식점으로 분주했고, 너와집의 어르신은 홀로 불을 지피고 계셨다. 두 집 모두 이방인인 나에게 흔쾌히 집 구경을 허락하셨다. 집이란 생존을 위한 자연발생적인 산물로 자연환경에 따라 구해지는 재료로 지어졌다. 그 안에는 혹독한 환경을 이겨낸 지혜와 묵묵히 척박한 땅을 일구며 살던 사람들의 성실함이 녹아 있다.

①너와 대신 참나무 껍질인 굴피를 사용한 삼척 대이리의 굴피집 ②대이리 굴피집 위쪽의 대이리 너와집. 이 집도 측면이 주 출입구로 사용되고 좌측에 사랑방, 우측에 마구간이 놓여 있다.

# 핏빛 외침과 풍류 아래, 고창

고창은 풍요로운 땅과 갯벌, 그리고 동백의 절개와 동학의 저항까지 품었다. 겉은 순한 산세를 갖지만 속은 그 어디보다 열정을 안은 '외유내강'의 도시, 고창. 초봄이면 버티다 버티다 떨어지는 핏빛 동백이 정신 단단했던 동학혁명의 이름 모를 민중들처럼 뭉게뭉게 피어오른다.

자연석이 서로를 의지해 한 몸을 이루며 땅 위를 가로지르는 고창 읍성 성벽. 돌을 찾던 숱한 손길들이 아름다운 성벽을 빚었다.

① 선운사
고창군 아산면 선운사로 250

② 고창 죽림리 고인돌
고창군 고창읍 죽림리 275-3

③ 고창 도산리 고인돌
고창군 고창읍 지동길 16-6

④ 고창 읍성
고창군 고창읍 읍내리 산 9

⑤ 무장 읍성
고창군 무장면 무장읍성길 45

⑥ 전봉준 생가
고창군 고창읍 당촌길 41-8

⑦ 신재효 생가
고창군 고창읍 동리로 100

# 청아한 빛 따라
# 핏빛 동백 속으로

◉ 선운사, 동백나무 숲

구름 속에 누워 선을 닦는 곳, 선운사(鮮雲寺). 그 아래, 죽을 때까지 핏빛 옷을 벗지 않는 절개의 꽃, 동백이 아름드리 무리지어 있다. 동백은 꽃이 질 때 송이째 떨어진다. 추위 속에서 따스한 기운을 놓치지 않고 극적으로 피워 놓고선 죽을 때는 미련 없이 온몸을 던진다. 다들 초라해질 때까지 버티거나 꽃잎 하나하나를 떨어뜨려가며 삶의 의지를 놓지 않는데, 동백은 가장 아름

선운사 동백나무는 우리나라 최북단 자생지로 천연기념물 제184호로 지정돼 있다.

봄을 알리며 잎을 터트린 선운산 계곡의 초록 잎들이 계곡물에 청아한 빛을 비추며 시시덕거리고 있다.

다울 때 굳은 결의와 의지를 태우듯 자신의 생명을 놓는다. 생기 가득한 붉은 빛으로. 남쪽 해안이나 섬에서 따뜻한 지방만 골라 1월에서 4월에 개화하는 동백은 선운사에서 가장 늦게 꽃을 피운다. 1월 여수에서 동백꽃을 보았던 기억을 소환하며 마지막으로 피어오른 동백꽃을 보러 고창 선운사로 향했다.

어린 신록은 찬란하다. 여름이 되기 전, 봄꽃이 지기를 기다렸다가 너도 나도 해맑게 잎을 터트린다. 나무는 이파리가 젊음을 피워내고 다시 찬 기운에 시들어 죽는 생사(生死)를 모두 받아낸다. 늙고 주름진 몸이 돼도 해마다 새 생명을 내는 나무의 생이 신비롭다. 자연은, 인간에게 실존의 질문과 답을 생각하게 한다. 요란하게 시시덕거리는 어린 신록이 계곡물도 청아하게 물들였다. 계곡물은 불교 건축에서 속세와 부처의 세계를 구분짓는 중요한 장치로 사용된다. 계곡을 건너야 비로소 천왕문, 만세루, 대웅전으로 이어지는 불심의 축이 시작되는 것이다. 2층 전각 천왕문을 지나 만세루를 옆에 두고 어느새 선운사 대웅전 앞에 섰다. 선운사는 골짜기 앞 기다란 터에 자리 잡아 전각들이 옆으로 나란히 배치되었다. 각 건물들은 장방형으로 입지에 맞춰 비례를 이룬다. 대웅전도 정면 5칸(1칸은 기둥과 기둥 사이를 뜻한다), 측면 3칸으로 정면 기둥 간격이 넓어 안정감을 준다. 대웅전의 기단 역시 가로로 긴 돌들을 사용해 대웅전과 균형을 맞췄다. 선운사를 크게 훑어볼 때 시각적인 편안함을 느낄 수 있는 것은 입지에 순응했던 이런 정성들 때문이다.

선운사 대웅전(보물 제290호) 전경. 정면 5칸 측면 3칸으로 기둥 간격이 넓고 공포는 다포식으로 섬세하고 화려하다.

공포는 다포식(지붕 처마를 받치기 위해 기둥 위에 '공포'라는 장식 구조가 붙는데, 기둥과 기둥 사이에 공포가 꽉 차 있는 양식)으로 주불전답게 섬세하고 화려하다. 맞배지붕을 얹었고 내부는 우물천장(서까래 아래에 위치한 우물 정井자 모양의 천장 마감)으로 마무리했다. 현재 대웅전은 조선 성종 때 세웠던 건물이 임진왜란으로 불타 버리자 1613년에 다시 세운 것이다. 대웅전 건너편에는 만세루가 커다란 덩치로 뚝심 있게 앉아 있다. 이 건물은 불자들이 부처님의 말씀을 경청했던 강당 건물로 대웅전을 향해 활짝 열려 있다. 잠시 만세루에 올라 더위에 지친 몸을 달랬다. 만세루는 정면 9칸, 측면 2칸으로 중앙 2칸은 고주(高柱, 대청 한가운데 높이 세운 기둥) 없이 대들보(기둥과 기둥을 연결하는 세로 부재)가 한 통으로 지나간다. 가공하지 않은 나무들이 살아 꿈틀대며 뼈대를 구성한다. 심하게 휜 나무도 다른 부재에 자신을 의지해 만세루의 일부가 된다. 세련되고 정제된 맛은 없지만 날것의 위용은 보는 이를 압도한다. 한때 3천 명의 스님이 머물렀고 89개의 암자를 거느렸던 선운사. 원래 대웅전과 영산전 사이에 노전채가 있었고 만세루 서쪽에도 'ㄱ'자형 요사채(스님들이 기거하는 곳)가 있었지만 모두 헐렸다. 역동적인 만세루도 안정적인 대웅전도 지금은 홀로 서 있다. 그래도 산사 앞 능선이 나비 되어 마당에 내려앉고 동백이 사찰림으로 선운사를 밝힌다. 동백나무들은 영산전 뒤 산기슭에 뭉게뭉게 피어 기다란 띠를 이룬다. 샛노란 꽃술을 품은 동백꽃은 이파리까지 짙다. 어느 색 하나도 허술하지 않은 그 진중함이 때때로 고창 역사의 속내를 비춘다.

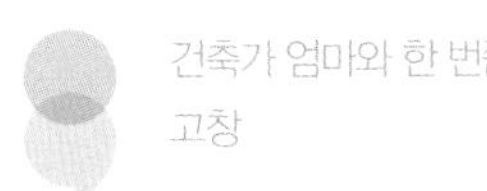

잎이 피기 시작한 배롱나무 뒤로 영산전과 천연기념물 제184호로 지정된 동백나무 자생지가 보인다.

선운사를 지나 서쪽 해안도로를 따라 일몰을 보기로 했다. 고창은 서쪽으로 약 80km의 해안선을 끌고 있는데 고창 갯벌은 고창 운곡습지와 함께 람사르 습지로 등록되어 있다. 유네스코는 3대 보호지역을 지정하는데 '세계유산' 외에도 '세계지질공원', '생물권보전지역'이 있다. 고창 도시 전체가 2013년 유네스코 생물권보전지역으로 등록되어 훼손되지 않은 청정 지역으로 인정받았다. 전국 최대 바지락 생산지답게 매일 채우고 나가는 바다의 정성으로 고창 뻘은 생명의 인큐베이터 역할을 한다. 낮게 서서히 물을 거둬들이며 뻘의 생명을 보호하고 때가 되면 다시 바닷물을 채워 먹이를 공급

논밭만 풍요로움을 주는 건 아니다. 갯벌은 생명의 시작이자 풍요로움의 상징이다. 광활한 갯벌이 펼쳐진 고창 하전마을은 전국 최대 바지락 생산지이기도 하다.

하는 고창의 바다. 갯벌 위로 스며드는 파도 소리가 사각거리는 풀 같아 한참을 소리의 질감을 쫓아 귀를 기울였다. 자연은 풍경과 소리 따라 마음을 지배한다. 망망대해가 뱉어내는 얕고 깨끗한 소리에 마음이 나긋나긋해진다. 어느덧 해가 잠기기 시작하고 햇살을 산란시키는 바다 위, 수줍게 붉은 속내를 내비치다 사라지는 낙조가 작은 섬광으로 가슴에 닿는다. 다음 일정이 기다리고 있지만 오늘은 내려놓기로 했다. 인생에서 놓쳐서는 안 되는 순간이 바로 지금 같아서.

# 풍요로운 땅 위 고대의 속삭임

◉ 고창 고인돌

고창의 풍요로움은 어디서 오는 걸까. 작은 군 단위 지역이지만, 복분자의 유명세도 그렇고 수박, 멜론, 블루베리, 보리, 땅콩, 고구마 등 여러 작물을 키워내고 바지락 최대 생산지로 깨끗한 갯벌도 곁에 두고 있다. 이런 물음은 도시가 내려앉은 땅을 살펴보면 서서히 답이 보인다. 우선 지리적 조건이 한몫한다. 동남쪽 노령산맥 능선들이 감싸는 낮은 산지성 지형에 바다를 길게 끼고 있어 하천, 염전이 풍부하고 평야도 끊이지 않는다. 또한 고창 땅을 지나다 보면 황토가 많이 보이는데 고창의 황토는 타 지역에 비해 게르마늄 함량이 20% 이상 높다. 게르마늄은 산성화를 막고 자연 치유 복원 능력이 강한 물질이다. 황토는 용적 밀도가 낮아 토양 속 미생물종의 밀도가 높은데 뿌리 발달에 효과적이라 당도를 높여준다.

이런 풍요로움 덕에 3000년 전 인류는 고창에 안전하게 정착할 수 있었다. 고인돌은 청동기시대를 대표적인 무덤 양식이다. 기원전 12세기 무렵부터 기

고창 죽림리 고인돌 군락의 전경. 지금처럼 정비되기 전까지 원래 계단식 논밭이었다. 왼쪽의 고인돌은 받침돌이 짧은 바둑판식 고인돌이다. 그 뒤로 개석식 고인돌이 흩어져 있다. 고창은 단일 구역으로는 한국에서 가장 많은 고인돌을 소유하고 있다.

원전 2~3세기까지 1000년에 걸쳐 만들어졌는데 세계 고인돌의 40%가 한반도에서 발견된다. 약 3만여 기 이상이 분포되어 있고 전라도의 서남해안 지역에 밀집해 있다. 고창을 비롯 화순, 강화의 고인돌은 '아주 오래되거나 독특한' 조항에 부합해 유네스코 세계문화유산에도 등재되었다. 그중 고창은 1,665기의 고인돌이 있어 단일 지역으로는 한국에서 가장 많은 고인돌을 소유하고 있다.

고창에 정착한 인류는 땅에 주검과 함께 토기, 석기, 청동기를 함께 묻었고 그 위에 큰 돌을 얹어 생의 마지막을 장식했다. 고인돌은 '고이다'에서 가져온 말로 기울어지거나 쓰러지지 않도록 아래를 받쳐 안정시킨다는 뜻이다. 돌을 받치는 굄돌(일종의 받침돌로 덮개돌이 기울어지지 않게 아래를 받쳐 괴는 돌)의 형태에 따라 탁자식, 바둑판식, 개석식 등으로 나뉘는데 탁자식은 정교한 건축공법이 필요하다. 우선 굄돌의 규모가 크고 안쪽으로 기울어지게 사다리꼴로 세우는데 덮개돌을 안정적으로 받치기 위함이다. 바둑판식은 탁자식보다 굄돌이 짧고, 개석식은 굄돌 없이 덮개돌만 있다. 바둑판식과 개석식의 무덤방은 땅속에 있고 탁자식은 굄돌 사이에 있다. 우리나라에는 덮개돌만 얹은 개석식 고인돌이 가장 많다.

고인돌의 고장답게, 고창의 돌무덤들은 민초의 삶에 스며들어 선사시대의 말을 전하곤 했다. 죽림리 고인돌들은 지금처럼 정비되기 전까지 계단식 논밭에 100여 기가 흩어져 있었다. 논에 툭 하고 자리 잡아 벼의 성장을 묵묵히 바라보거나 논둑에 너럭바위처럼 앉아서 농부들에게 등을 내주었다. 고인돌을 곁에 두고 벼를 일구며 살던 주민들은 부귀마을로 이주해 고인돌에게 자리를 내준다. 주민들과 함께 일상을 살다가 지금은 박물관의 보호를 받는 죽림리 고인돌은 3000년 전의 소망들을 결코 잊지 않는다. 적으로부터 지켜주는 부족 지도자에게, 전쟁으로 목숨을 잃은 병사에게, 먼저 세상을 떠난 조상에게, 그리고 풍년을 주는 하늘에게 생의 안식을 기원하는 민초들의 간절한 마음 말이다.

고대를 살았던 누군가의 무덤이 논과 살림집에서 우리와 함께 살 수 있었

도산리 고인돌 중 탁자식 고인돌이 우람하게 서 있다. 탁자식 고인돌은 굄돌 두 개 위에 덮개돌이 얹혀진 모습이 책상 같다 해서 붙여진 이름이다. 도산리 고인돌들은 누군가의 집 뒤뜰 장독대에서 살다 정비되었다.

던 건, 돌덩이였기 때문이다. 허투루 지나쳤기에 세상의 무심함에도 살아남을 수 있었다. 도산리 고인돌은 나지막이 사각거리는 대나무 앞에서 또렷이 우리를 대면한다. 긴 시간만큼 무뎌지고 순해진 그들은 여염집 장독대 마당에 살아도 불만이 없었다. 이미 세월의 야속함을 넘어서서 집의 풍경으로 남아 생을 이어갔다. 그렇지만 함께 살던 인간도, 장독대도 사라지니 주변 공기마저 달라졌다. 몇천 년 전의 시간을 응축한, 소리 없는 속삭임이 대나무의 흔들림 따라 피어오른다. 고대의 그 구름 그 초록 그 하늘을 담은, 귀 기울이지 않으면 들리지 않는, 낮은 속삭임들이 공기 속을 부유하고 있었다.

드넓은 하늘 아래 언덕을 넘나드는 초록빛 땅. 그 땅 위를 일렁이는 유채

꽃과 청보리밭도 고창에서는 유명한 풍경이다. 그래서 4~5월이면 고창은 온통 봄의 싱그러움으로 물결친다. 그 땅에 3000년 전의 무덤들이 우주의 별처럼 박혀 있다. 한반도에 살던 조상들은 왜 이리 많은 고인돌을 남겼을까. 그들의 속내는 정확히 알 수 없지만 사후세계를 고민하며 영혼의 안식을 바랐던 염원은 지금과 다를 게 없다. 무심히 지나치기만 했던 3000년 전 돌덩이들이 나와 맞닿았다. 실체를 알 수 없는 죽음 앞, 사후에도 안식을 바라는 나약한 인간 대 인간으로.

고창 한 목장의 초록 언덕과 들판. 4~5월이면 고창은 온통 봄의 싱그러움으로 일렁거린다.

# 새야 새야 파랑새야

◉ 고창 읍성, 무장 읍성, 전봉준 생가, 신재효 생가

자연석을 찾던 숱한 손길이 육중한 벽을 빚었다. 성벽 어느 곳도 같은 모양새의 돌이 없다. 모두 다른 모양대로 서로를 의지해 한 몸을 이루며 땅 위를 가로지른다. 섬세하고 꼼꼼한 솜씨 덕에 성벽은 아름다움을 입었다. 그래서 여자들이 쌓았다는 전설이 전해진다. 고창 읍성(사적 제145호)은 원형이 잘 보존된 자연석 성곽으로 백제 때 모량부리로 불려서 모양성(牟陽城)이라고도 한다. 전라 좌우 도민이 쌓았다 전해지는데 성벽 돌에 참여했던 고을 이름과 계유년(1453년 단종 1년)이 새겨져 있어 축성 연대도 짐작할 수 있다. 조선시대에는 왜적의 침략이 많았던 서해 지역에 읍성을 많이 쌓았는데 고창 읍성은 호남 내륙을 방어하는 요충지이기도 했다. 4월이면 성벽 아래로 철쭉이 화려하게 언덕을 타고 내리지만 일장춘몽의 봄꽃은 느긋하게 기다려주지 않는다. 시들어 내려앉은 철쭉꽃을 아쉬워하며 읍성에 올라 주변 산세를 둘러보았다. 선운사에서 보았던 출렁이는 산세가 인간의 삶 속까지 비집고 들어섰다. 두 세기 전으로

거슬러가면, 병풍처럼 둘러싼 산 아래 초가집과 기와집이 엉켜 있고 읍성에서는 군인들이 외적을 살피며 고을을 내려다봤을 것이다. 1980년대에는 읍성 안에 고창여중고가 있었다. 봄날이면 어린 잎들이 소란스럽게 뻗어가고 그 아래 도란도란 여학생들의 웃음소리가 엷게 퍼져 갔다.

읍성은 옛 시대를 소환하는 프레임이다. 현재 아래에 묻힌 옛 켜를 상상하게 한다. 지금은 아이들 소풍 장소로 턱 하니 내주고 도시를 내려다보는 쾌감을 주는 멋진 산책로가 되었다. 그래도 윤달에 부녀자들이 손바닥만 한 돌을 이고 성밟기를 하는 풍습은 이어지고 있다. 지금도 매년 가을, 약 1000여 명의 부녀자들이 성밟기를 하는 '고창모양성제'가 열린다. 성을 한 바퀴 돌면 다리병이 낫고, 두 바퀴를 돌면 무병장수하며, 세 바퀴를 돌면 극락에 갈 수 있다고 한다. 가족의 안녕을 기원했던 부녀자들의 염원은 겨우내 얼어붙었던 성벽을 깨웠고 움츠러든 마음도 되새김질하게 했다. 고창에는 정신을 일깨우는 읍성이 또 하나 있다. 무장 읍성은 동학농민운동 제1차 기병의 현장으로 이곳에서 시대적 모순에 정면으로 대응하는 본격적인 저항이 시작된다.

동학농민운동은 대한민국 근대사에 굵고 짙은 획을 그은 사건이다. 여전히 봉건적 신분제를 비호하던 성리학적 이데올로기가 지배하던 시대였지만, 17세기 후반 이후 농업 생산력이 늘어나고 토지 소유에 따른 지주제가 정착하면서 계층은 더욱 분화되어 갔다. 봉건국가와 지주제로 오랫동안 이

고창 읍성은 원형이 가장 잘 보존된 자연석 성곽으로 부녀자들이 주도해 쌓았다는 전설이 전해진다.

중 부담에 짓눌린 농민들은 19세기 후반에 역사의 주체자로 전면에 나서게 된다. 동학농민운동은 표면적으로 고부 군수 조병갑의 끝 모를 탐욕으로 시작됐지만 수명이 다한 시대적 모순을 끝내겠다는 몸부림이었고 외세의 침략을 극복하려는 주체적인 움직임이었다. 당시 조선 정부도 조병갑의 횡포를 인정해 농민들과 화해를 이뤘다. 하지만 사건 처리를 위해 파견된 안핵사 이용태가 군대를 이끌고 탄압하자 농민들은 본적적인 기병을 준비한다. 한 번 물러섰던 전봉준은 무장현의 손화중과 태인의 김개남 등과 손을 잡는다. 손화중이 이끄는 무장, 고창, 부안 일대의 동학교단은 전국 최대 조직이었다.

4천여 명의 농민군은 무장에서 모여 창의문(倡義文)을 선포하고 제1차 기병을 하면서 본격적인 농민전쟁이 시작된다. 무장에서 출발한 농민군은 며칠 후 고부성을 점령하고 관군과 맞선 최초의 전투였던 황토현 전투에서 승리한 후 장성 황룡강 전투를 거쳐 한양 가는 길목, 전주성까지 함락한다. 농민군은 민중의 절대적인 지지를 받았는데 '항복한 자를 대접한다', '굶주린 자는 음식을 먹인다', '욕심부리는 자는 추방한다' 등 12개의 규율을 정해 지켜갔기 때문이다. 위기를 느낀 조선 정부는 청나라의 도움을 요청하고 일본도 자청해 군대를 파견하면서 두 나라 모두 조선에 상륙한다. 이에 동학군은 정부와 화약을 맺는데 조선의 위기를 기회 삼아 일본군과 청군이 주둔할 명분을 주지 않기 위해서였다. 이로써 동학농민운동의 1차 기병이 마무리된다. 이후 청은 일본에 동반 철수를 요구하지만 일본은 한반도에서 청을 몰아내고 유리한 입지를 다지려는 속셈이었던 터라 이를 거절한다. 결국 청일전쟁에서 승리한 일본은 조선에서 우위를 점한다. 동학농민운동은 2004년 국가에서 공식 혁명으로 인정받는다. 그날, 그들의 깃발에는 4글자가 선명했다.

**보국안민(輔國安民), 나라를 어려움에서 구하고 백성을 편히 하겠다.**

햇살이 가득한 겨울 오후, 무장 읍성 앞으로 전깃줄이 얼기설기 뻗어가고 지붕 낮은 집들로 채워진 마을이 바짝 붙어 있다. 남문에 들어서니 조용

고창 무장 읍성은 동학운동 제1차 기병의 현장이다. 무장 읍성 앞에는 전깃줄이 얼기설기 뻗어가고 지붕 낮은 집들과 소박한 상점들로 채워진 마을이 바짝 붙어 있다.

하던 읍성에 오토바이와 사람들의 소리들이 설핏 스쳐 지난다. 무장 읍성은 1417년 무장진(조선시대 고창 지역의 군사 조직) 병마사인 김노(金蘆)가 무장현에 쌓은 평지성이다. 길이는 약 1.2km로 문이 2개인데 남문 진무루는 정면 3칸 측면 2칸의 누각형 건물이고 동문은 터로만 남아 있다. 진무루를 지나면 바로 무송현과 장사현을 각각 한 글자씩 따서 쓴 '송사지관(松沙之館)' 현판이 걸린 객사가 보이고 객사 앞 돌계단에는 구름, 호랑이 등이 양각(陽刻)되어 소소한 재치를 드러낸다. 원래 객사 건물은 1581년에 세워졌고 현재는 1990년에 원형대로 복원된 모습이다. 정청(궐패가 모셔진 전각)과 좌우 익사(정청 좌우전각) 모두 최소한의 규모인 3칸이지만 어떤 과시 없이 알차고 야무진 기운이 흐른다. 객사 주변 고목들도 예사롭지 않은 기를 뿜어낸다. 이파리 떨어진 나무는 발가벗은 몸을 드러내는데 고목일수록 그 몸짓이 극적이고 괴기스럽기도 하다. 줄기의 꺾임이 뼈처럼 앙상하지만 그것을 지탱하는 몸은 굵고 강하다. 나무들은 지난 세월의 응어리를 다 알고 있다. 그래서 그들의 세월은 인간과 다르다. 침묵 속 올곧게 뻗어가는 완강함이다. 무장 읍성

객사 주변 고목이 예사롭지 않은 기를 뿜어낸다. 나무의 세월은 침묵 속 올곧게 뻗어가는 완강함이다. 무장 읍성은 그 힘을 닮았다.

은 그 힘을 닮았다.

광활한 읍성 안에는 객사 외에 관아 건물인 동헌이 2014년에 복원되었다. 동헌은 일제강점기에는 일본군 무장수비보병대 사무실로 사용되기도 했다. 이후 동헌 앞에 무장초등학교와 민가들이 들어섰고 읍성 남문은 아이들의 통학길이었다. 지난 세월 이곳에서 노닐었던 아이들은 이제 중년을 훌쩍 지나 읍성에 추억 한줌을 남겼다. 읍성을 나와 그 앞마을을 거닐어 본다. 농민군의 발길이 닿았을 골목골목과 그들의 발걸음을 받아주었던 황톳

고창 읍성 아래, 고창을 판소리의 성지로 만든, 동리 신재효의 생가가 자리 잡고 있다.

빛 땅, 그리고 저항의 용기를 실어나르던 바람은 지금도 그대로다. 장소가 남긴 역사는 지금을 소환하고 나를 환기시킨다. 햇살이 따뜻해서 다행이다. 그 덕에 오랫동안 읍성을 떠나지 않고 머무를 수 있었다.

동학농민운동의 지도자, 전봉준(1855~1895)의 집은 정읍에 있지만 그가 태어나 13세까지 살던 생가는 고창에 있다. 그가 동학농민운동의 최전선에 서게 된 것은 아버지의 영향이 컸다. 그의 아버지 전창혁은 고부 군수 조병갑에게 저항하다 곤장을 맞고 한 달 만에 죽음을 맞이한다. 그리고 고창을 판소리의 성지로 만든, 동리 신재효(1812~1884)의 생가도 고창 읍성 아래

전봉준이 태어나 13세까지 살았던 생가 앞에는 전래동요 '새야새야 파랑새야'의 가사가 표지석에 새겨져 있다. 어릴 적 전봉준은 몸이 왜소해 '녹두'라 불리웠고 녹두장군은 그를 일컫는다.

에 있다. 그는 중인 출신으로 우리나라 판소리 발전에 크게 기여한 인물이다. 판소리 창자들의 후원자이자 지도자였고, 판소리 단가 등 작품을 완성한 창작자이기도 했다. 판소리 역시 조선후기 봉건 양반사회에 대한 비판을 담은 예술로 국민 풍류가 되었다. 고창 읍성의 철쭉은 숨이 거의 죽었는데 신재효 생가의 꽃들은 아직 생기가 흐른다. 문득 선운사의 동백꽃이 머릿속을 스친다. 버티다 버티다 떨어지는 핏빛 동백은 정신 단단했던 동학혁명의 이름 모를 농민들 같다. 고창은 풍요로운 땅과 갯벌, 그리고 동백의 절개와 동학의 저항까지 품었다. 겉은 순한 산세를 보여주지만 속은 크나큰 열정을 품고 저항을 펼쳤다. 예술가들은 예술로, 농민들은 혁명으로 오랜 부조리에 저항하고 행동했던 사람들. 평등한 시대를 꿈꿨던 어른들의 염원은 아이들의 입을 빌려 전래동요 '새야 새야 파랑새야'로 오랫동안 회자되고 있다.

**"새야 새야 파랑새야 녹두밭에 앉지 마라. 녹두꽃이 떨어지면 청포 장수 울고 간다."**

# 전봉준의 피우지 못한 꿈을 찾아서

동학농민운동은 전국 각지에서 광범위하게 펼쳐졌지만 전라북도 무장, 정읍, 전주 일대는 1차 기병의 주 활동무대로 그중 정읍은 고부관아터, 만석보터, 동학혁명 모의탑, 전봉준 옛집, 황토현 전적지, 백산 등 동학농민운동의 내력이 가장 많이 얽힌 땅이다.

## 고부관아터

고부군수 조병갑의 근무지였던 고부관아 자리가 현재 고부초등학교이다. 그 옆으로 고부 향교가 놓여 있다. 고부군은 인근 쌀의 집산지이자 상업 중심지로 농산물과 수산물이 함께 모였고 정읍보다 큰 고을이었다. 그래서 지방관리들이 탐하는 고장이기도 했다.

## 만석보터

조병갑 탐욕의 으뜸이 만석보를 쌓고 물세를 거둬들인 것인데 굳이 필요 없

①고부관아터 ②만석보터 ③동학혁명 모의탑 ④황토현 전적지 ⑤전봉준 옛집

는 보를 쌓고 사용료를 받아 농민들의 원성이 심했고 홍수가 나면 범람해 농민들의 피해도 컸다. 1차 기병 때 헐려 현재는 터와 기념비가 남아 있다.

### ❁ 동학혁명 모의탑

동학농민들은 고부면 죽산마을에서 고부봉기를 모의하고 사발통문을 작성했는데 그 자리를 기념하기 위해 후손들이 동학혁명 모의탑을 세워 기념하고 있다.

### ❁ 전봉준 옛집

조소마을에 있는 전봉준이 살던 집으로 원래 방 1칸, 부엌 1칸, 광 1칸의 규모를 1974년 지금의 모습으로 복원했다. 당시 이 집을 해체 보수할 때 상량문이 발견되어 1878년에 건립된 것을 확인할 수 있었다. 전봉준은 1855년 고창에서 태어난 몰락한 양반층으로 원평, 태인 등지를 떠돌며 생계를 이어갔다. 동학농민운동 직전에 조소마을에 살았고 동학 고부 책임자를 맡았다. 사적 제293호로 지정되어 있다.

### ❁ 황토현 전적지

농민군이 관군을 맞아 처음으로 큰 승리를 거둔 전적지. 사적 제295호로 지정되어 있다.

### ❁ 백산 창의비

농민군은 고부를 점령하고 본진을 백산으로 옮긴다. 백산은 높이가 47m로 나지막한 산과 들판으로 둘러싸여 있어 관군의 침입을 쉽게 파악할 수 있었다. 산 정상에는 너른 터가 있고 창의비가 세워져 있다.

# 반딧불이가 사랑한 산천, 무주

굽이굽이 9000번을 헤아리며 무주사람들의 삶을 꿰매고 엮는 구천동. 청정한 자연을 오만하게 다스리지 않고 큰 어른처럼 존중하며 사는 무주사람들. 그들이 정성스레 숨긴 반딧불이는 여름이 되면 배 끝에서 여리고 총명한 빛을 낸다. 반딧불이가 사랑을 찾는 신호는 인간에게는 한여름 밤의 꿈.

향로산에서 바라본 무주군과 남대천. 전통을 지키고 반딧불이를 존중하는 정성이 무주인의 일상에 스며들어 흐르고 있다.

① 낙화 놀이 보존회
무주군 안성면 두문마을

② 질마바위
무주군 무주읍 후도리

③ 나제통문
무주군 설천면 소천리 산 85

④ 일사대 일원
무주군 설천면 구천동로 1868-30 외

⑤ 수심대 일원
무주군 설천면 심곡리 산 13-2 외

⑥ 적상산 사고지
무주군 적상면 산성로 960

⑦ 향토 박물관 (서창 갤러리 카페)
무주군 적상면 서창로 89

⑧ 무주 등나무 운동장
무주군 무주읍 한풍루로 326-14

⑨ 부남면 사무소 천문대
무주군 부남면 대소길 3

⑩ 안성면 사무소 목욕탕
무주군 안성면 안성로 246-17

⑪ 무주 추모의 집
무주군 무주읍 괴목로 1359-72

# 무주사람들의 정성

◉ 무주산골영화제, 반딧불이, 낙화놀이, 질마바위

4월 초, 무주는 아직 겨울 끝자락이었다. 산이 높을수록 봄은 더디 온다는 것을 알면서도 욕심이 발목을 잡았다. 자연이라고 늘 자신을 오롯이 보여주는 것은 아니다. 자세히 보지 않으며 볼 수 없는 것들이 있고 꼭 그때라야만 볼 수 있는 것들이 있다. 6월에

매년 6월이면 무주 곳곳에서 '무주산골영화제'가 개최된다. 덕유산 숲속 어두워지는 하늘녘 아래로 여러 서사들이 부유하며 사라진다.

다시 무주를 찾았다. 매년 무주 곳곳에서 펼쳐지는 '산골영화제' 때문이다. 도시는 뿜어대는 열기로 이미 한여름이지만 덕유산 산골은 아직 봄 문턱이다. 사람들은 담요로 몸을 감싼 채 눕거나 앉아서 스크린을 바라보았다. 덕유산 숲속 어두워지는 하늘녘을 부유하던 서사들. 순간, 영사기 앞을 유유자적 지나가는 반딧불이가 시선을 흩뜨려 놓는다. 느린 시선으로 자신을 쫓게 하고는 느긋하게 어둠 속으로 사라진다. 그날 누구와 반딧불이를 보았고 시간은 언제쯤이었는지 생생하게 기억하게 하는 마법을 뿌리며.

반딧불이는 식성이 까다로워 청정한 지역에서만 살 수 있다. 무주 설천면 남대천 일대에 가장 많은 개체가 살고 있는데 물 속도가 완만하고 수온이 적당해 다슬기와 달팽이 등 먹이들이 많기 때문이다. 무주 일원의 반딧불이와 그 먹이 서식지는 천연기념물 제322호로 지정돼 있다. 남대천에는

낙화(落火)는 우리나라 전통 불꽃놀이로 액을 쫓고 복을 기원하는 의식이자 유학자들에게는 머리를 식히는 놀이였다. 무주는 낙화놀이를 재현했고 지금은 문화자산이 되었다.

애반딧불과 늦반딧불 2종류가 서식하고 6월 중순에서 9월 중순까지 그들의 빛을 볼 수 있다. 이끼에 붙어 자라다 다음해 봄 번데기가 되기 위해 땅으로 올라온 후 4~6회 껍질을 벗으면 성충이 된다. 그리고 초록불을 밝히며 느적느적 여름밤을 수놓는다. 2주 정도 지상에서 살다 죽는데 그 기간 동안 음식을 먹지 않고 오롯이 짝짓기를 위해 몸의 기를 배 끝마디에 모아 빛을 낸다. '죽음'이라는 질서는 모든 생명에게 주어진 운명임에도, 살아서는 경험할 수 없고 그 실체를 모르기에 인간의 기준으로는 터무니없이 짧은 생의 2주가 그저 낯설기만 하다. 그래서 그 생존의 몸짓이 인간에게는 한여름 밤의 낭만으로 치환될 수 있나 보다. 그 은은한 불빛에 매료되어 인간은 그들을 보전하고, 반딧불이도 정성스레 자신들을 지켜주는 무주에서 생의 마지막을 태운다.

무주사람들은 전통놀이에도 꾸준히 정성을 쏟고 있다. '낙화(落火)'는 우리나라 전통 불꽃놀이로 전라북도 무형문화재 제56호로 지정되어 무주 두문마을에서 보존하고 있다. 남한산성, 대동강, 개성 등지에서 겨우 명맥을 유지하던 놀이인데 액을 쫓고 복을 기원하는 의식이자 유학자들에게는 머리를 식히는 놀이였다. 먼저 뽕나무와 소나무, 상수리나무 껍질을 태워 만든 숯가루를 한지 위에 깔고 잘 타라고 천일염을 넣은 후 한지를 꽈배기 모양으로 꼬아 실로 묶는다. 그리고 그 안에 철사를 넣어 고정시키고 일렬로 매달아 놓으면 낙화놀이 준비가 끝난다. 꼬아진 한지는 곧 화려하게 탈 숯을 안고 마지막을 기다린다. 어스름이 지는 초저녁, 한지가 꼼꼼하게 자신을 태우고 불꽃을 옆으로 전달하며 은은하게 사라진다. 그 모습을 하염없이 바라보다 어디선가 저녁 바람이 불어오면 불꽃이 비처럼 흘러내린다. 연못은 떨어지는 불길을 받아내고 사라진 불은 물에서 환생한다. 그 모습이 물속에서 몽글몽글 피어오르는 용암 같고 한데 모여 있는 반딧불 같다. 인간이 만든 인공의 반딧불이 물속에서 유영하며 한없이 솟구친다. 불꽃놀이의 황홀함은 마을의 500년 된 당산나무를 보며 가라앉힌다. 누군가에서 소원을 빈다는 것은 마음을 환기시키고 정신을 다잡는 의식 같아 그냥 지나쳐지지가 않는다. 마을은 당산나무도 정성껏 모시고 있다.

강이 산 모양 따라 360도 휘돌아 가면 내륙의 섬, 물돌이 지형이 생기는데 금강 상류 지역인 무주에도 '내도리'라는 물돌이 마을이 있다. 이 마을의 부모들은 아이들이 조금이나마 쉽게 등교할 수 있도록 손수 험한 바위를 깎아 길을 텄다. 일명 질마바위라 불리는데 망치와 정으로 일일이 바위 사이를 뚫어 '학교 가는 길'을 만든 것이다. 그러면서 자신들의 흔적을 1971년이라는 각자로 남겨 오랫동안 회자되게 했다. 질마바위는 금강변 산책로로 남아 옛 시절을 상기시키는 필터가 됐다. 질마바위를 훑고 다시 사람들이 다진 흙길 따라 걷다 보면 손을 타지 않은 신록을 만난다. 그 옆 넉넉한 금강따라 부모의 사랑이, 당시의 고단함이 추억 되어 휘돌아간다. 그리고 전통을 지켜내는 정성과 반딧불이를 존중하는 배려가 강에 녹아 무주인의 일상에 스며들어 흐르고 있다.

금강변, 무주 내도리 질마바위 모습. 1971년 부모들은 아이들의 등교를 위해 손수 험한 바위를 깎아 길을 텄다.
망치와 정으로 일일이 바위 사이를 뚫어 '학교 가는 길'을 만든 것이다.

# 굽이굽이 골 따라 만나는 이야기

◉ 나제통문, 무주 구천동

계곡의 굽이굽이가 9000번을 헤아린다 해서 이름 붙여진 무주 구천동 계곡. 물은 수많은 '굽이'를 흐르다 바위를 만나면 돌아 흐르고 웅덩이가 있으면 채우다 흐르고 높낮이가 있으면 낮은 곳으로 흐른다. 그래서 각 풍광에는 대(臺), 담(潭), 탄(灘)이라는 이름이 붙여지는데 구천동 33경의 절경 속에 모두 들어 있다. 골이 깊은 만큼 사람의 통행을 방해하는 절벽들이 많았는지 그중 제1경이 절벽을 뚫은 문이

구천동 나제통문. 신라와 백제를 잇는 문이란 뜻이지만 실제로는 일제강점기에 뚫렸다. 나제통문에 서면 '저곳'으로 가고 싶어진다. 이후에는 어떤 이야기들이 이 문을 드나들까.

다. 나제통문(羅濟通門)은 신라와 백제를 잇는 문이라는 뜻이다. 그래서 한 천 오백 년 전쯤에 생긴 것으로 짐작하겠지만, 일제강점기에 무주와 김천을 잇기 위해 뚫은 것으로 생각보다 연륜이 깊지 않다. 그럼에도 역사가 작명의 빌미가 된 것은 사실이다. 신라는 소백산맥을 경계로 백제와 운명적으로 맞닥뜨렸고 높고 낮은 고개에서 수많은 전투를 벌였다. 나제통문 가까운 야산에 약 300여 기의 옛 무덤이 흩어져 있는데 신라와 백제의 전쟁에 희생된 장병들이라는 말이 전해온다. 구천동의 파리소는 시체가 산처럼 쌓여 파리가 득실거려 붙여진 이름이다.

실제로 나제통문을 사이에 둔 신두마을과 이남마을은 말과 풍속이 다른데 지금도 설천면 장날이면 사투리로 두 지역 사람을 가려낼 수 있다고 한다. 문은 닫으면 막힘이고 열면 마주함이다. 이 양면성을 결정하는 것은 사람이다. 나제통문에 서면 '저곳'으로 가고 싶어진다. 문화가, 말이, 역사가 문을 통해 오갈 테니 이후 천년은 어떤 이야기들이 이 문을 드나들까.

나제통문에서 시작된 구천동 33경은 외구천동 14경, 내구천동 19경으로 나뉘는데 덕유산 향적봉까지 약 36km의 대장정을 펼친다. 외구천동은 접근할 수 있는 곳이 많지 않지만 명승으로 지정된 2곳은 쉽게 만날 수 있다. 일사대(一士臺, 명승 제55호)는 영호남 선비들이 시회를 열어 풍류를 즐긴 곳으로 그 옆 서벽정에는 을사늑약을 한탄하며 스스로 목숨을 끊은 충절의 이야기가 서려 있다. 5개도가 서로 접경을 이루는 무주에서 자연은 '공존'을 가르치고 인간도 자연의 일부라는 '실존'을 새겨주었다. 굽이굽이 도는 물의 기나긴 인내는 절벽도 깎아낸다. 우뚝 솟은 기암은 휘몰아치는 계곡물에 기꺼이 제 살을 내주며 배의 돛대처럼 일사대 풍경을 지배한다. 그 덕에 늘 다듬어지는 그는 오늘보다 내일 더 절벽답다.

보통은 도심에서 덕유산 국립공원 방향으로 구천동 명승을 구경하지만 수심대(水心臺, 명승 제56호)는 반대로 와야 그 진면목을 볼 수 있다. 너울거리는 산맥 앞으로 기암절벽이 펼쳐져 이중의 산줄기를 볼 수 있기 때문이다. 수심대는 계곡물이 경사 따라 내려오는 데다 급한 물돌이 지형이라 멋진 기암절벽을 빚을 수 있었다. 덕분에 이

무주 구천동 일사대는 영호남 선비들이 시회를 열어 풍류를 즐긴 곳으로 자연은 '공존'을 가르치고 인간도 자연의 일부라는 '실존'을 새겨주었다. 일사대의 기암이 배의 돛대처럼 서 있다.

수심대는 계곡물이 경사 따라 내려오는 데다 급한 물돌이 지형이라 멋진 기암절벽을 빚을 수 있었다. 아우성치는 물길을 피해 정상에 올라선 소나무들이 괜시리 소란스럽다.

름처럼 시원스레 속내를 씻어준다. 겨울인데도 수심대 절벽 정상의 소나무들은 홀로 푸르다. 아우성치는 물길을 피해 약속이나 한 듯 올라선 모습들이 괜시리 소란스럽다. 수심대에서 상류 쪽으로 약 600m 지점에는 수심대와 함께 명승으로 지정된 파회(巴洄)가 있다. 파회에서는 물과 바위가 어우러져 만드는 대(臺), 담(潭), 탄(灘)을 모두 볼 수 있다. 고요한 소(沼)에 잠긴 물이 낮은 곳으로 흘러 물보라를 일으키고 넙적 바위를 피해 숨을 죽이다가 이내 세차게 휘돌아 나가며 급류를 만든다. 그 풍경 속 한 켠에 홀로 솟아난 암반이 있고 정상에는 천년을 살았다는 천년송이 있다. 뿌리를 깊게 내리지 못한 탓인지 어르신인데도 자태가 여리다. 누가 그의 연륜을 짐작할 수 있을까. 척박한 바위에 기댄 그는 오늘도 계곡의 모진 겨울 바람을 견디며 서 있다.

# 시대의 갈무리

◉ 적상산 사고지

무주는 구천동 계곡, 금강길, 반딧불이 서식지, 나제통문 등 자연 답사지로 손색이 없다. 그 자연이 한몫한 곳이 또 있으니 바로 무주 적상산의 사고지(史庫址)이다. 고려시대부터 국가의 기록물을 보관하는 사고 제도가 있었는데 궁궐에 내사고를, 지방에 외사고를 두는 이원 체제였다. 조선은 경복궁 춘추관을 내사고로 했고 성주, 충주, 전주 3곳에 외사고를 두어 조선왕조실록 등 기록물을 보관했다. 하지만 사람들의 왕래가 잦은 큰 고을에 둔 탓인지 임진왜란으로 모두 불타고 전주 사고 실록만 살아남는다. 이후 외사고 4곳은 지형이 험한 산을 선택하는데 마니산, 묘향산, 태백산, 오대산에 사고를 설치해 내사고 춘추관과 함께 5사고 체제가 시작된다. 하지만 전주사고의 실록은 강화도 마니산 사고에서 여러 사건을 거쳐 강화도 정족산으로 옮겨지고 묘향산 사고는 후금의 위협으로 무주 적상산으로 다시 옮겨진다. 결국 정족산, 적상산, 태백산, 오대산에 외사고가 정착한다.

무주 적상산 사고의 모습. 사고는 조선이라는 지난 역사를 갈무리하고 상기시키는 무한의 공간이다.

이들 사고는 굴곡진 역사 따라 각기 다른 운명을 맞는다. 먼저 오대산 사고의 실록은 일본 동경제국대학에 기증되었다가 관동 대지진때 불타버린다. 무주 적상산 사고의 실록은 창경궁에 보관되다가 6 · 25전쟁 때 반출되어 북한에서 보관 중이다. 다행히 나머지 두 사고의 실록은 각자의 운명을 잘 지나와 정족산 실록은 서울대학교 규장각에, 태백산 실록은 부산 국가기록원에 보존되고 있다. 현재 오대산 사고와 정족산 사고는 복원되었고 적상산 사고도 양수발전소를 건설하면서 원래 위치보다 높은 지대에 중건되었다. 태백산 사고만이 아직도 터로 남아 있다.

적상산 사고지는 정상까지 가파른 산길을 굽이굽이 돌아야 만날 수 있다. 정상 가까이에 다다르면 평지가 나오고 순간 고지임을 잊게 되는데 이

것이 적상산을 사고지로 선택한 이유이다. 적상산은 높이 1030.6m의 퇴적암으로 이루어진 고지대이지만 정상은 평탄한 토산으로 나무숲이 울창하다. 게다가 정상에서 산허리까지 4면이 절벽으로 둘러싸여 산세가 험난하고 물이 풍부해 천혜의 방어 요새로 손색이 없었다. 덕유산 북쪽 끝자락은 요새처럼 우뚝 솟아 북을 바라보기 좋고, 남으로는 덕유산 산맥이 방패가 되어 준다. 그 까닭에 고려 말 최영 장군이 산성 축조를 건의했다고도 전해진다. 건축가 고 정기용(1945~2011)이 설계한 '향토박물관(현 서창 갤러리 카페)'에 가면 적상산을 가까이서 볼 수 있다. 붉은 치마를 입은 것 같다 해서 적상(赤裳)이라 불렸는데 기암절벽이 바람을 타는 듯 치맛자락처럼 나부낀다. 바위 지대가 성벽으로 사용하기 딱 좋은 모양새다. 적상산 안에서, 다시 적상산 밖에서 사고가 앉은 자리를 곱씹다 보면 기록 유산을 지켰던 선조들의 열정을 느낄 수 있다. 비록 기록물은 옮겨졌지만 사고(史庫)는 '조선'이라는 지난 역사를 갈무리하고 상기시키는 무한의 공간이다.

# 사람과 땅을 헤아려 도시에 스며들다

◉ 건축가 고 정기용과
무주 10년 프로젝트

향토박물관(현 서창 갤러리 카페)은 범상치 않은 적상산을 곁에 두고도 기죽지 않고 자유롭게 주변 풍광에 오롯이 열려 있다. 바람은 흘려보내고 봄꽃과 낙엽은 받아내며 당산나무처럼 자연의 사계절을 품는다. 관용이 넘치는 건물이다. 이 건물은 '무주 프로젝트'

건축가 고 정기용이 설계한 향토박물관(현 서창 갤러리 카페)은 적상산을 곁에 두고도 기죽지 않고 주변 풍광을 향해 오롯이 열려 있다.

건축가 고 정기용은 무주사람들의 의견에 귀를 기울이며 10년에 걸쳐 무주 프로젝트를 완성했다. 땡볕이었던 무주 운동장에 군에서 등나무 240그루를 심었고 그는 뼈대를 만들었는데 몇 년 후 세상 어디에도 없는 멋진 그늘막이 탄생했다.

라는 10년의 노력이 축적된, 물리적으로는 작지만 정신적으로는 커다란 가치를 품은 도시, 무주를 상기시키는 수많은 점 중 하나이다.

무주 산골영화제의 개막식이 열리는 곳은 무주 등나무 운동장이다. 스탠드를 덮은 등나무 덕에 한여름에도 시원한 기운이 감돌아 야외 영화관으로도 사용된다. 땡볕이었던 무주 운동장에 군에서 등나무 240그루를 심었고, 건축가 고 정기용(1945~2011)은 나중에 그들이 자라서 그늘이 될 수 있도록 뼈대를 만들었는데 몇 년 후 세상 어디에도 없는 멋진 그늘막이 탄생했다. 정기용은 무주사람들의 의견을 수렴해 가며 10년 동안 '무주 프로젝트'를 완성했다. 진정성에 뿌리를 둔 배려와 뚝심이 낳은 결과이다. 그래서 무주에 오면 정기용의 건축을 찾게 된다. 그는 안성재에서 바라본 안성면의 풍광에 반해 무주와의 열정적 교감이 시작되었다고 한다. 아파트 없이 산으로 둘러싸인 분지의 농촌에서 가장 한국스러운 풍경을 본 것이다. 그렇게 각종 면사무소 리모델링과 복지시설, 문화시설, 교육시설의 신축 등 무주의 공공건물에 관여하고 설계했다. 정기용의 무주 건축 답사는 공공건축을 대하는 건축가의 태도가 어떠해야 하는지를 배우는, 함축적이고 압축적인 길이다.

그의 면사무소 프로젝트를 둘러보러 무주를 다시 찾았다. 설천면, 안성면, 적상면, 부남면 순으로 무주를 한 바퀴 돌면 면사무소 공간의 반란을 볼 수 있다. 기존 면사무소의 낙후된 시설을 개선하고 증축을 통해 새로운 정체성이 부여되었기 때문이다. 부남면사무소와 복지회관 사이에 작은 천문대를 두어 연결한 재치, 그저 목욕탕이 필요하다던 안성면 어르신들의 바람

정기용의 무주 프로젝트 중 부남면사무소와 천문대. 부남면사무소와 복지회관 사이에 작은 천문대를 두어 연결한 재치가 돋보인다.

이 고스란히 실현된 안성면사무소의 진정성, 무주군 너른 주차장을 열린 광장과 등나무가 덮힌 통로로 연결한 배려 등 주민 중심의 건축은 군, 면사무소 프로젝트에서 꽃을 피운다. 이 건물들은 주민을 위한 시설이라는 기본에 충실한 최선의 건축이다. 안성면사무소 로비로 가득 들어오던 덕유산의 설산이 생생하다. 그 풍광 덕에 찰나의 순간이라도 사람들은 작은 쉼을 얻을 수 있다. 대전으로 나갈 필요 없이 목욕탕이 면사무소에 있어 주민들의 생활은 편해졌다. 인생은 그렇게 작은 것에 배려 받을수록 행복하다.

농민의 집, 향토박물관 등의 신축 프로젝트에는 도시와 친해지기 위한 적극적인 제스처와 하늘이든, 바람이든, 나무든 자연을 끌어들이는 건축 어휘들이 일관성 있게 스며들어 있었다. 무엇보다 납골당이라는 다소 낯선 시설인 '추모의 집'은 태생적 약점을 잘 극복하고 있다. 들판과 천이 펼쳐지고 그 뒤로 산이 둘러친 풍경 한가운데서 납골당은 그 풍경을 내려다볼 수 있는 지대에 위치한다. 자연으로 돌아간 영혼들을 달래고 남겨진 자를 위로하는 풍경이다. 건물 안 중정 곳곳, 사계절을 거뜬히 살아가는 소나무가 영정에 온기를 전한다. 영정사진들을 보고 있자니, 나와는 상관없는 인생들인데도 괜스레 삶이 훑어지고 흙으로 돌아가는 인간으로서 나를 바라보게 된다. 납골당을 나와 다시 건물을 바라본다. 어느새 훌쩍 자란 넝쿨이 납골당을 반쯤 잠식해 가고 있었다. 아무리 뛰어난 디자인인들, 자연만큼 온기를 전하는 것은 없다. 그래서 추모의 집은 따스하다.

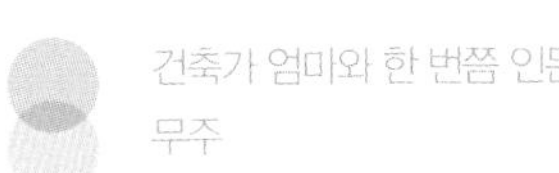

납골당인 '추모의 집' 전경. 아무리 뛰어난 디자인인들 '자연'만큼 온기를 전하는 것은 없다. 그래서 추모의 집은 따스하다.

정기용은 무주 프로젝트에서 본인이 바라는 것은 오래된 길처럼 지속가능한 공간으로 남아 무주에 대한 애정이 다음 세대로 면면히 이어질 수 있도록 배려되는 것이라 했다. 무주를 누비면서 그의 바람이 곳곳에 뿌리내렸음을 알 수 있었다. 주민들이 자치적으로 움직이는 그 무언가의 힘도 느꼈다. '관용'과 '공존'을 공공 영역에서 맛보았던 무주사람들은 그 가치를 배우며 실천하고 있다. '인간'과 '시간'이 만들어 가는 공간이 공공건축이라는 정기용의 말처럼 그는 무주 프로젝트를 통해 건축가들에게 사회적 책임감을 수행하는 역할을 환기하고 싶었을지도 모른다. 그래서 무주는 건축가에게 공공건축을 대하는 자세와 그 실행을 배우는 실전의 공간이다.

'추모의 집' 곳곳에는 소나무가 늘 푸르러 죽은 영혼을 달래고 남겨진 자를 위로한다.

부남면을 지나 무주읍으로 가는 길목, 너른 금강이 봄을 싣고 흘러온다. 풍경이 나를 일깨운 것일까. 문득 건축가의 역할은 무엇인가 숱한 질문을 던지던 사회 초년생 시절이 흘러내려온다. 무주는 질문을 던지고 스스로 답을 찾아갔던 나를 소환하는 힘을 주었다. 소소한 온기가 비집고 들어오고, 그저 나무 한 그루와 교감할 수 있는 틈새가 많다면 도시의 삶도 살 만하다. 자연, 도시, 주변 환경과 교감할 수 있도록 '배려'와 '관용'이 있는 건축 공간들이 많이 생겨나야 함을, 스스로도 다짐해본다. 그게 개인주택이든 공공건축이든, 규모가 크든 작든, 각자의 배려로 공존하다 보면 '삶'이 중심이 되는, 소소하지만 활기찬 도시 환경으로 한 걸음 더 나아갈 수 있을 것이다.

# 공공건축가, 마을건축가

공공건축이란 무엇일까. '다수의 필요'를 수용하는 공간으로 자본의 논리에서 벗어나 '비영리적'으로 운영되는 정부와 지방자치단체가 주도해 생산해내는 건축을 말한다. 사회복지시설, 공공기관, 공공학교, 국공립어린이집, 도서관, 공원 등이 이에 해당하며, 정부와 지방자치단체는 시민과 지역주민에게 보다 나은 공간을 제공해야 하는 의무를 지닌다. 그러려면 정부와 지방자치단체가 공공건축을 통해 공동체에 활력을 줄 수 있다는 성숙한 인식과 이를 공감하며 구체적으로 실행할 수 있는 전문가가 필요하다. 무주 공설운동장의 등나무가 좋은 예이다. 군민들이 뙤약볕에 고생할 것을 염려했던 군수의 배려로 시작해서 건축가가 이를 실현한 자율적인 변화였다.

## 공공건축가

2011년, 서울시는 '서울시 공공건축가' 제도를 도입한다. 공공건축과 광장, 공원 같은 도시공간에 실사용자를 위한 자율적이고 창의적인 공간을 갖추기 위해서이다. 공공건축가 제도는 수준 높은 공공건축물을 창출하고 신진 건축가의 발굴과 육성이란 목적도 갖는다. 건축가는 국가 행정단체와 주민 요구 사이의 코디네이터 역할을 수행하고 '시민' 중심의 공공건축을 지향함으로써 궁극적으로 도시환경의 개선에 기여하게 된다. 시민 중심의 공공건축물은 지역 커뮤니티를 활성화하고 동네를 활기차게 전환시키는 작은 실천물이다. 공공건축가는 중대형 공공 건축물에 대한 자문을 통해 전문성을 확보하고 설계에도 참여해 품질을 향상시키고 있다.

### ❀ 마을건축가

서울시가 2019년에 도입한 제도로, 공공건축가가 프로젝트 중심으로 운영된다면 장소 중심으로 운영되는 것이 마을건축가 제도이다. 마을건축가는 구와 동 등 마을 단위의 공간 정책을 지원한다. 본인이 활동하는 지역이 기반이 되어야 하고 지역 환경 개선을 위한 기획, 자문, 설계 등을 두루 수행한다. 서울시 마을건축가는 환경 개선이 필요한 구역을 찾아내고 이에 대한 주민들의 의견을 수렴하며 사업 주체인 구청과의 협의를 통해 정책에 반영하도록 코디네이터 역할을 담당한다. 현장조사를 통한 마을의 공공성 지도를 작성하고 시민 의식을 위한 문화 교육도 담당한다. 서울시 마을건축가는 2019년, 2020년 각 구청별로 마을 지도를 완성했고 서울시는 꾸준히 마을건축가를 늘려갈 예정이다.

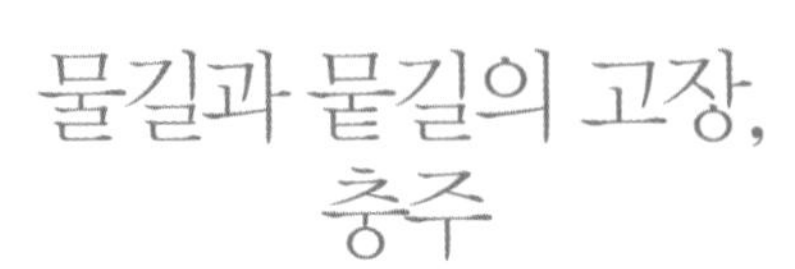

# 물길과 뭍길의 고장, 충주

물길과 뭍길을 모두 끼고 있어 고구려, 백제, 신라 삼국이 신경을 곤두세워 탐한 곳, 충주. 자연은 제 몫대로 살면서 역사의 흔적을 늘 버리지 않고 숨겨놓는다. 고대의 서사 속으로 들어가는 길목 남한강부터 가장 오래된 옛길 하늘재까지 다양한 시대의 켜를 찾아 충주를 유영해보자.

목계나루에서 바라본 남한강의 일몰. 남한강은 수선스런 역사의 서사를 담고 평생을 흐른다.

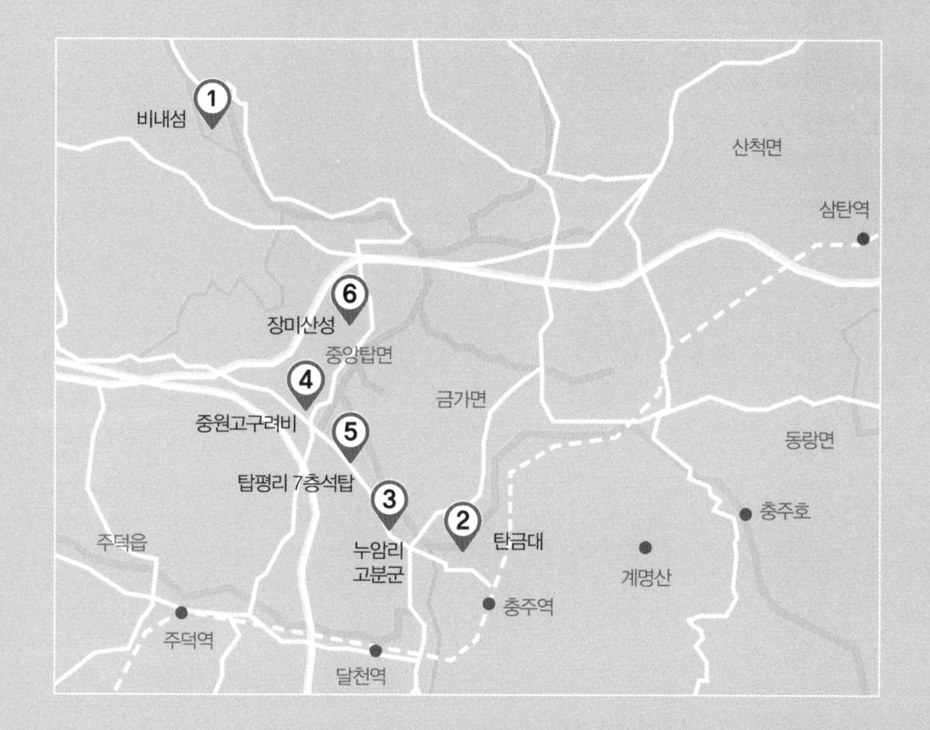


① 비내섬

충주시 앙성면 조천리 412

② 탄금대

충주시 탄금대안길 33

③ 누암리 고분군

충주시 중앙탑면 루암리 산 41-3

④ 중원고구려비

충주시 중앙탑면 감노로 2319

⑤ 탑평리 7층석탑

충주시 중앙탑면 탑평리 11

⑥ 장미산성

충주시 중앙탑면 장천리 산 77-1

⑦ 하늘재

충주시 수안보면 미륵리 8

⑧ 미륵대원지

충주시 수안보면 미륵리 사지길 300

⑨ 사자빈신사지석탑

제천시 한수면 송계리 1002

# 고대 서사의 길목,
# 남한강

◉ 충주 비내섬, 탄금대

다 타버린 듯 앙상해진 식물들 위로 억새들이 백발의 꽃을 달고 강바람에 자비 없이 흔들린다. 잠자리도 나비도 식물도 다시 태어나기 위해 재가 된 겨울 문턱, 억새는 꽃씨를 날리기 위해 바람에 몸을 맡긴다. 꽃씨가 모두 흩어지면 본격적으로 겨울이 시작된

고대의 서사 속으로 들어가는 길목, 남한강에 툭 버티고 있는 충주 비내섬. 억새와 나무가 무성해 '베어냈다' 또는 큰 장마가 져서 내가 '변했다'는 뜻이라 풀이된다.

다. 남한강에 툭 자리 잡아 포장도로도 편의시설도 없이 때로는 군사 훈련까지 펼쳐지는 곳, 충주 비내섬을 찾았다. 억새풀만 가득한 커다란 섬에서 고대 서사의 길목, 남한강을 바라본다. 충주의 옛 이름은 중원(中原)이다. 오랫동안 국토의 중심부로 불렸으며 고구려 때는 국원성(國原成), 통일신라 때는 중원경(中原京)이 설치되는 등 입지적으로 중요한 곳이었다. 충주가 철 생산지인 데다 계립령, 죽령 등 육로와 남한강을 끼고 있어 교통이 편리했기 때문이다. 삼국이 신경을 곤두세워 이 지역을 탐했고 백제, 고구려, 신라가 차례로 점령한다. 흐린 날씨 탓에 억새를 건드는 바람 소리가 구름과 뭉쳐져 더 스산하다. 억새에게 바람은 불가항력이다. 이 힘에 속을 비워낸 몸을 맡기고 다음 생을 기다린다. 죽음도 삶을 지속하는 순환일 뿐이라며, 세상을 달관하고 운명에 자신을 맡긴 수양자 같다.

탄금대 일대를 돌고 나오는 길, 마지막 단풍이 흩뿌려져 있다. 잠깐 오는 손님, 가을을 붙잡고 싶은 풍경이다.

멀리서 남한강을 조망하기 위해 탄금대(명승 제42호)로 향했다. 탄금대는 해발 108m 정도의 야트막한 산으로 가야 사람, 우륵이 가야금을 연주한 데서 유래한 이름이다. 달천과 남한강의 합수머리에 위치해 남한강의 절경을 감상할 수 있다. 가야는 가야금을 만든 고대국가로 문화 수준이 높았다. 대가야의 왕으로 추정하는 가실왕은 가야금을 만들고, 가야 연맹국의 통일과 왕권 강화를 위해 우륵에게 가야금 연주곡 12곡을 짓게 했다. 가야금은 위판이 둥글어 우주를 상징하고 아래 판은 평평해 땅을 상징한다. 12개의 줄기둥은 12달을 의미하며 가야 연맹의 대표적 12지방을 뜻하기도 한다. 신라와 합병된 후 우륵은 가야금을 안고 신라에 귀순한다. 그는 하림성에 있던 진흥왕 앞에서 가야금을 연주했는데 하림성은 지금의 청주로 추정한다. 우륵은 귀순 후 청주, 충주에 머물렀고 탄금대에 올라 현을 울리며 남한강변따라 소리를 밀어냈을 것이다. 그의 진가를 알아본 진흥왕은 신라인에게 음악을 전수하게 한다. 신라는 가야의 음악을 수용했고 우륵의 음악은 신라의 국가 대악(大樂)으로 남게 된다. 늙은 강은 더디 흐르곤 하는데, 전날 강수량이 많았는지 멀리서 봐도 물살이 제법 느껴진다. 남한강은 375km를 흘러 남양주 두물머리에서 북한강과 합류해 새 흐름으로 환생한다. 합쳐진 강은 또 수선스런 역사의 서사를 담고 바다로 흡수된다. 그들은 1500년 전이나 지금이나 살아서 제 소리를 내며 산다. 우륵의 가야금 소리도 내 시야를 넘어 저 강 따라, 저 산 따라 울렸으리라. 물길에서 뭍길로 또 다른 가야의 흔적을 찾아 나섰다.

# 중원에서 맞닥뜨린 고대의 흔적들

◉ 누암리 고분군, 중원고구려비, 탑평리 7층석탑, 장미산성

멀리, 봉긋 솟아 옹기종기 모인 묘들이 스쳐 지나간다. 아담한 골에 모인 누군가의 가족묘처럼, 묘들은 양지바른 땅에 뿌리내렸다. 언덕에 줄지어 조성한 덕에 모든 묘가 햇살을 차별 없이 누린다. 언덕 끝에 올라보니 고분 좌우 풍성한 숲이 낮은 산맥과 이어져 아늑한 풍경을 만든다. 시선 끝, 시골 농부의 밭고랑이 줄지어 꿈틀댄다. 고분군은 밭 매고 농사짓는 생활 터전 한가운데 있다. 매운 바람이 고분을

충주로 이주한 가야인들의 고분으로 알려진 누암리 고분군. 다른 고분들만큼 크지 않지만 옹기종기 모인 모양새가 가족묘처럼 느껴진다.

타고 올라와 손이 시리다. 햇살은 가을인데 바람은 설익은 겨울 같다. 누암리 고분군(사적 제463호)을 가야인 및 신라인의 것으로 보는 이유는 발굴된 생활 도구들 때문이다. 굽다리 접시는 제사를 지내기 위한 그릇으로 대부분의 신라와 가야 지역 고분에서 발견된다. 금동 장신구도 함께 출토되어 사회적 신분이 높은 사람일 것으로 추정한다. 신라는 한강 유역을 점령한 후 6세기 중반 경주의 귀족과 가야 사람 일부를 충주로 이주시켰다. 일제강점기에 거의 대부분 도굴되어 구체적으로 누구의 묘인지 알 수 없어 크기로 신분을 가늠할 수밖에 없다. 약 1.5km 안에 고분 230여 기가 모여 있고 이 중 일부를 볼 수 있다. 가장 규모가 큰 1호분은 둘레 약 40m, 높이 5m로 이주해 온 가장 유력한 귀족이었을 것으로 추정한다.

주인을 찾지 못한 것은 고분만이 아니다. 미지의 절터 안에는 홀로 남한강 서사의 등대로 서 있는 석탑이 있다. 삼국을 통일한 후 신라는 탑평리에 7층석탑(국보 6호)을 세운다. 중앙탑이라 불리기도 하는데, 남쪽 끝과 북쪽 끝을 같이 출발한 사람이 이곳에서 만났다는 이야기가 전해진다. 유일한 통일신라 7층석탑으로 위로 갈수록 경사가 급해져 우뚝 솟아난 느낌을 강하게 준다. 탑 앞으로 석등의 하대석이 남아 있는데 석탑 주변은 옛 절터로 1970년 초 대홍수 이후 주변을 복구하면서 흔적이 많이 사라졌다. 고구려 와당을 닮은 유물이 발견되어 고구려 절이라 추측하기도 하고 백제가 창건했다는 설도 있다. 신라가 이 지역을 차지한 후 지었다는 설도 빼놓을 수

①우리나라 유일한 고구려비, 충주고구려비는 장수왕이 세운 것으로 알려져 있지만 광개토대왕이 세웠다는 설도 최근 제기되고 있다. 고구려비는 남방 진출의 거점을 점령했다는 상징성을 담는다. ②통일신라시대 세워진 중앙탑이라 알려진 탑평리 7층석탑. 두 석물 모두 중원을 장악한 고구려와 신라의 자부심이다.

없다. 또 하나의 등대, 중원고구려비(국보 205호)의 운명도 파란만장하다. 1979년 민간 제보로 이름 없는 비석을 찾았고 발견 당시 비면이 심하게 마모되어 있었다. 고려대왕, 고구려 관직 이름과 고구려가 신라를 부르던 이름이 새겨져 있어 고구려비임을 확인하게 된다. 석비는 돌기둥 모양인데 자연석을 이용해 4면에 모두 글을 새겼고, 형태는 만주에 있는 광개토대왕비와 비슷하다. 우리나라에 남아 있는 유일한 고구려비라는 점에서 커다란 역사적 가치를 지닌다. 충주고구려비 전시관에 전시된 실물을 보면 죽다 살아난 비장함이 느껴진다. 한때 마을 대장간의 기둥으로도 사용되었던 고구려비가 깨지지 않고 오롯이 제 몸을 지켜내 다행이다. 1500년 동안 누군가 깨워주길 기다리던 그 묵직함 덕에 지금 우리 앞에 있다.

남과 북을 연결하는 길목답게 충주시 주변에는 유난히 산성이 많다. 백제는 삼국 중 먼저 중원을 장악해 여러 산성들을 쌓았다. 고구려비 북쪽에는 해발 336.4m의 장미산이 있다. 남한강이 휘돌아가는 지형에 놓여 남한강의 흐름을 한눈에, 그리고 가깝게 조망할 수 있는데 그곳에 삼국이 스쳐간 발자국, 장미산성(사적 제 400호)이 있다. 장미산성은 길이 약 2.9㎞로 돌을 대충 다듬어, 자연 능선을 따라 쌓은 포곡식(包谷式) 산성이다. 출토된 유물은 4세기 이후의 백제 토기가 많고 이후 고구려 신라가 차례로 점령했다. 충주는 동남쪽에 계명산, 남산, 대림산이 차례로 감싸고 북쪽 남한강이 천연의 해자(垓字, 적의 직접적인 침입을 막기 위해 성 밖을 둘러 판 못)를 이룬다. 북쪽의 장미산성, 남쪽의 대림산성, 동쪽의 충주산성에서 물길과 뭍길을 두루 관찰했을 것이다. 장미산성까지는 가파른 임도가 턱밑까지 놓여 있고 길은 조촐한 사찰까지 이른다. 봉학사를 뒤로 하고 성벽 위를 걸어 올랐다. 거대한 성벽이 능선 따라 휘돌아가며 강력하게 충주 땅을 대면시킨다. 아스라이 남한강이 인간의 땅에 스며들더니 땅을 휘돌면 어느새 풍경을 지배한다.

고구려비 바로 북쪽, 해발 336.4m의 장미산에는 삼국이 스쳐간 발자국, 장미산성이 있다. 남한강이 휘돌아가는 물돌이 지형에 놓여 남한강의 흐름을 한눈에, 그리고 가깝게 조망할 수 있다.

남한강의 길목을 훤히 들여다볼 수 있어 산성을 짓지 않을 수 없는 위치다. 벤치에 잠시 앉으니 목계나루 쪽이 바라다 보인다. 시간의 밀도가 깊게 흐르는 저 강에 내가 풀어져 강의 서사에 스며든다. 서울까지 연결된 남한강은 물길이 중요했던 고대부터 조선시대까지 제일가는 대량 수송로였다. 고려시대부터 충주 목계나루에는 충청도와 경상도의 세곡을 수납했던 창고가 있었다. 1930년대까지 명목을 유지해 오던 목계나루는 소리 소문 없이 역사의 닻을 내렸다. 사람들이 쉬곤 했다는 솥밭과 목계리라는 지명만이 이름 없던 민중의 삶을 기억한다. 이제 그들의 발자국이 쌓인 뭍길, 고대 사람이 처음으로 닦았던 소백산맥의 산길로 가야 할 시간이다.

# 최초의 고갯길에서 고구려 땅을 바라보다

◉ 하늘재, 미륵대원지,
사자빈신사지석탑

백두대간에서 가장 오래된 옛길, 하늘재를 넘는다. 한적한 소나무길, 작은 골과 흙길이 낙엽으로 덮여 경계가 허물어졌다. 잎은 이미 다 떨어졌고 소나무들만이 아름드리 천막을 두른다. 틈새 따라 햇살이 깊게 내려와 아직은 온기가 느껴진다. 순간, 커다란 바람이 훑고 가더니 나뭇가지가 현이 되어 예민하게 울어댄다. 새들의 날개 치는 소리까지 파고들면 서늘함이 내 속에 포개진다. 움츠린 몸을 끌고 발걸음이 빨라졌다. 산골은 갈 길이 멀다며 속앓이가 시작될 쯤 어느덧 나

우리나라에서 가장 오래된 옛길, 하늘재는 156년 신라인들에 의해 개척되었다. 정상에서 바라본 문경 쪽 모습

무들의 아우성이 멎더니 뻥 뚫린 하늘이 시야를 채운다. 잦아드는 산세 안으로 하늘이 가득 담기고 찰나를 놓칠 때마다 구름이 느릿느릿 새로운 그림을 그린다. 동네 뒷산처럼 순한 고갯길에 1800년 묵은 무위의 공간이 펼쳐진다. 손 뻗으면 하늘이 닿을 것만 같은 이 오묘한 거리감을 2세기 신라인들도 느꼈을 것이다. 신라는 백두대간 고개를 개척해야 남한강에 다다를 수 있었다. 그래서 북으로 진출하기 위해 156년 하늘재(계립령)를 개척한다. 하늘재는 문경 관음리에서 충주 미륵리로 넘어가는 경계에 있는, 우리나라 최초의 고갯길이다. 고려 말, 문경 새재가 생기기 전까지 경상도와 서울을 잇는 기점이었고 이 길을 따라 물자와 군사, 사람들이 오갔다. 충주 미륵리 초입에는 고려시대 대사찰이 있다. 경상도에서 하늘재를 넘으면 중생들에게 쉼과 안위를 주었던 곳, 미륵대원지(사적 317호)가 나온다. 백두대간을 넘는 물리적 행위는 현세 '관음리'에서 내세 '미륵리'로 들어가는 정신적 성찰로 이어진다.

통일신라 말 국가의 공식적인 역제가 붕괴되자 사찰에서 만든 원(院, 국영여관)이 그 기능을 대신하면서 여행자나 상인에게 숙박, 휴식, 식사 등을 제공한다. 고려시대에는 원이 크게 성행했고 간선도로나 사찰의 입구에 주로 설치되었는데 미륵대원지 옆, 커다란 터도 당시 대형 숙박시설이었다. 발굴조사 결과 중정이 있는 '회(回)'자 형 건물로 말을 묶어두는 마방시설, 여행자 숙소 등으로 사용되었다. 작은 백화점 한 층 정도의 면적으로 규모도 상당했다. 하늘재를 넘어온 사람들은 먼저 말을 묶어둔 후, 숙박시설에 짐을 풀었다. 그리고 그 옆 미륵대원의 미륵불을 향해 남한강 따라 목적지에 잘 도착할 수 있게 해달라고 불공을 드렸다. 미륵불은 민중의 바람대로 북쪽, 충주를 바라보고 있다. 그래서 이 사찰은 우리나라에서 유일하게 남을 등지고 북을 향해 있다.

①미륵대원 돌거북은 우리나라 최대 규모의 비석 받침돌이다. ②미륵대원은 고려시대 사찰로 북을 향해 있다. 1970년대 발굴 조사에서 '대원사'라는 이름이 새겨진 유물이 발견되면서 '미륵대원'이라 불린다.

나무는 재가 되어 가벼이 날아가지만 돌은 끈질기게 살아 버텨낸다. 우리가 삼국시대, 고려시대의 수많은 사찰들을 희미하게 조우할 수 있는 것은 남아 있는 기단, 초석, 석탑 등 석조 유물들 덕분이다. 미륵대원에 들어서면 세월의 흔적이 가득한 석조 유물들을 만나는데 때때로 장소는 기록유산보다 더 강렬하게 생경한 역사를 대면하게 한다. 저만치 서 있는 미륵불을 만나기 전, 거쳐야 할 석조 유물들만으로도 잊힌 시대가 되불러지는 것만 같다. 먼저, 우람한 돌거북이 시선을 붙잡는다. 무거운 몸을 거뜬히 들어 북쪽을 향해 날아갈 것 같은 품새로 커다란 바위마냥 앉아 있다. 거북 등 한쪽 경사면에는 작은 거북 두 마리가 앙증맞게 새겨져 있다. 막 부화한 새끼 거북이 바다를 향하듯 비석을 향해 기어오른다. 돌거북은 우리나라 최대 규모의 비석 받침돌로 여러 차례 발굴조사에서도 비석은 찾지 못했다. 이 돌거북은 원위치에 있던 바위를 거북 모양으로 다듬은 것으로 추정한다. 원래 있던 돌을 조형물로 빚은 듯한 자유로움은 5층석탑에서도 찾을 수 있다. 석탑 상부는 통일신라의 영향을 받았지만 기단은 별 치장 없이 둔탁한데 다소 조형 능력이 떨어지는 느낌이다. 이는 국가가 직접 주도한 공사가 아니기 때문이다. 고려는 지방 세력과 연합해 건국한 나라인 만큼 지방의 고유색을 지닌 조형물들이 많다. 미륵대원도 중앙정부와 영남을 잇는 중요 교통 요충지로 지방 장인들의 손길을 거쳤을 것이다.

미륵불 역시 그윽한 눈과 넓적한 코, 두꺼운 입술 등 고려 초 거대 불상과 비슷한 이목구비를 갖는다. 논산 관촉사의 미륵불, 근처 덕수사의 마애불 등 고려시대 불상들은 엄격하기보다 과장되고 친근한 얼굴들이 대부분이다. 미륵불은 총 5개의 돌로 이뤄졌고 신체는 단순하게 표현되었으며 갓은 다른 돌을 썼다. 미륵대원은 원래 석굴사원과 목조건축이 혼합된 반석굴사원이다. 허리까지는 방형의 'ㄷ'자 석굴을 만들고 그 위로는 목조건물을 올려 미륵불을 모셨다. 몽골 침입 때 목조 부분이 없어졌고 상처 입은 돌들만이 버텨온 세월을 붙잡으며 미륵불 주변을 감싼다. 석굴 3면에는 정교하게 다듬어진 감실(불상이나 신위, 성체 등을 모셔둔 작은 공간)을 두었고 판석에 보살과 불좌상을 새겨놓았지만 지금은 흔적을 찾기가 어렵다. 비록 풍파에 둔탁해졌지만 시간의 밀도는 더 깊어져 신비롭기까지 하다. 미륵대원은 신라의 마의태자가 고려에 항복한 아버지의 결정에 반대하고 금강산으로 향하던 중에 세웠다는 설과 후삼국을 통일한 고려가 고구려 땅을 되찾겠다는 염원으로 지었다는 설이 있다. 이 일대 지명이 '미륵리'인 것이 민중의 소원을 새겼던 미륵불의 자비 같아 그냥 지나쳐지지 않는다. 미륵의 자비로운 미소는 숱하고도 얄궂은 고비를 지나온 중생들에게 지금도 의지가 되어 준다.

서울로 가는 길, 송계계곡을 거슬러 고려시대 탑인 '사자빈신사지석탑'에 들렀다. 구례 화엄사의 사사자 3층석탑처럼 네 모서리에 사자가 한 마리씩 배치된 독특한 석탑이다. 사자는 각기 다른 방향을 바라보며 가운데 놓인 비로자나불을 호위한다. 두건을 쓴 불상은 엄한 표정으로 탑신을 떠받고

있다. 하층 기단 정면에, 고려 현종 13년(1022)에 몹쓸 적들이 아주 물러가기를 기원해 사자빈신사에 9층 석탑을 세운다고 기록했다. 당시 거란족이 고려에 침입했던 때였다. 비로나자불은 수행 중인 중생처럼 마을 구석진 곳에서 탑의 무게를 견뎌내고 있다. 돌아오는 길, 월악산이 가까이 붙어 따라온다. 중원에서 백제, 고구려, 신라, 가야, 고려, 조선 등 다양한 층의 시대적 서사 속에 허우적댔다. 자연은 제 몫대로 살면서 역사의 흔적을 버리지 않고 숨겨놓는다. 인간은 대지 위에 자취를 남기며 역사를 만든다. 남한강을 건너며, 미륵대불과 비로나자불의 위로를 받으며, 소나무의 호위를 받으며, 돌에 글을 새기면서. 셀 수 없는 발자국과 그 응어리들이 충주 땅 곳곳에 흩뿌려져 있다.

월악산 송계계곡 길의 사자빈신사지석탑은 구례 화엄사 사사자 3층석탑처럼 네 모서리에 사자가 한 마리씩 배치된 독특한 고려시대 석탑이다. 사자의 호위를 받는 비로나자불의 모습이 보인다.

# 근대화의 격랑 속, 충주에서는

한반도의 철도는 일본의 만주 진출과 군사적 필요에 의한 산물로 국토의 불균형을 낳았다. 부산-대구-대전의 축으로 화물과 여객 수송이 몰리면서 전통적인 도시가 쇠퇴해갔고 정치적 경제적 소외도 몰고 왔다. 충주도 그중 한 지역으로 한적한 휴양 도시로만 읽힐 뿐 해방 때까지 면, 읍 지위를 벗어나지 못했다. 오랫동안 충주에 있던 충청북도의 관찰부는 1908년 6월 청주로 이전되었고 충주는 1956년에야 시로 승격된다. 근대화의 격랑 속, 충주의 흔적도 함께 답사하면 한 도시의 일대기 속 희로애락을 느낄 수 있을 것이다.

## ❁ 충주 읍성과 충주목 동헌

충주 읍성은 임진왜란 때 파괴된 후 오랫동안 방치되다 1869년에 읍성을 개축해 그해 준공했다. 신축한 읍성은 벽돌을 사용했고 둘레는 약 1.2km였다. 이후 일제강점기 때 해체되는데 일본은 1907년 '성벽처리위원회'를 만들어 각 지역 읍성의 성벽을 헐었다. 충주 성벽은 사직로, 중앙로, 예성로 등 모두 도로로

충주 읍성의 일부인 동헌. 목사가 집무를 보던 곳으로 현재 관아공원 내에 있다.

바뀌었다. 현재의 관아공원이 옛 충주 읍성의 일부로, 목사(현재의 시장격)가 집무를 보던 동헌(충청북도 유형문화재 제66호)이 그나마 옛 읍성의 권위를 지키며 서 있다. 동헌은 1870년 화재로 불탄 것을 당시 목사로 있던 조병로가 다시 세운 것이다. 정면 7칸, 측면 4칸으로 겹처마와 팔작지붕으로 위엄을 갖췄다. 1890년대에는 충주부 관찰사(현재의 도지사격)의 집무실로 사용되었고 관찰부가 청주로 이전하자 충주 군수의 정청(정무를 보는 관청)이 되기도 했다. 이후 중원군(충청북도 북쪽에 1994년까지 존속했던 행정구역)의 청사로 사용되다 변형된 부분을 복원해 현재에 이른다. 현재 KT 충주 지사가 있는 곳이 충주 객사 자리이다. 관아공원에는 500년이 넘은 보호수 느티나무가 남아 있다.

일본의 경제적 침략에서 큰 역할을 했던 구 조선식산은행 충주 지점과 그 앞에 세워진 소녀상

### 구 조선식산은행 충주지점(국가등록문화재 제683호)과 소녀상

조선식산은행 충주지점은 1933년 신축되었는데 이후에는 조선상호은행, 한일은행으로 사용되었고 민간에서 사용되다 현재는 복원 준비 중이다. 금융기관과 사택으로 사용되었던 별관이 이어진 형태로 긴 창문과 창문 주변 장식이 돋보인다. 조선식산은행은 일본의 식민지 경제 지배의 중요한 축으로 동양척식주식회사의 실질적인 지배를 받으며 성장했다. 일제강점기, 중요 산업기관의 산업자금을 대출해주는 등 일본의 경제적 침략에 큰 역할을 수행한다. 구 조선식산은행 충주 지점 앞 공영주차장 인도에는 위안부 문제 해결을 위한 상징물인 '평화의 소녀상'이 세워져 있다.

# 소나무 아래 참꽃,<br>여주

4월이면 여주 세종대왕릉 소나무 숲에는 참꽃, 진달래가 구름처럼 피어 오른다. 여리고 은은한 연분홍빛이 소나무 아래를 물들이면 누구든 꿈결을 거닌다. 이 꿈이 끝나지 않길 바라며 점점 느려지는 발걸음들….

소나무는 그 푸름 덕에 땅과 하늘을 잇는 신의 파수꾼으로 '영원'을 상징하며 왕릉을 지킨다.

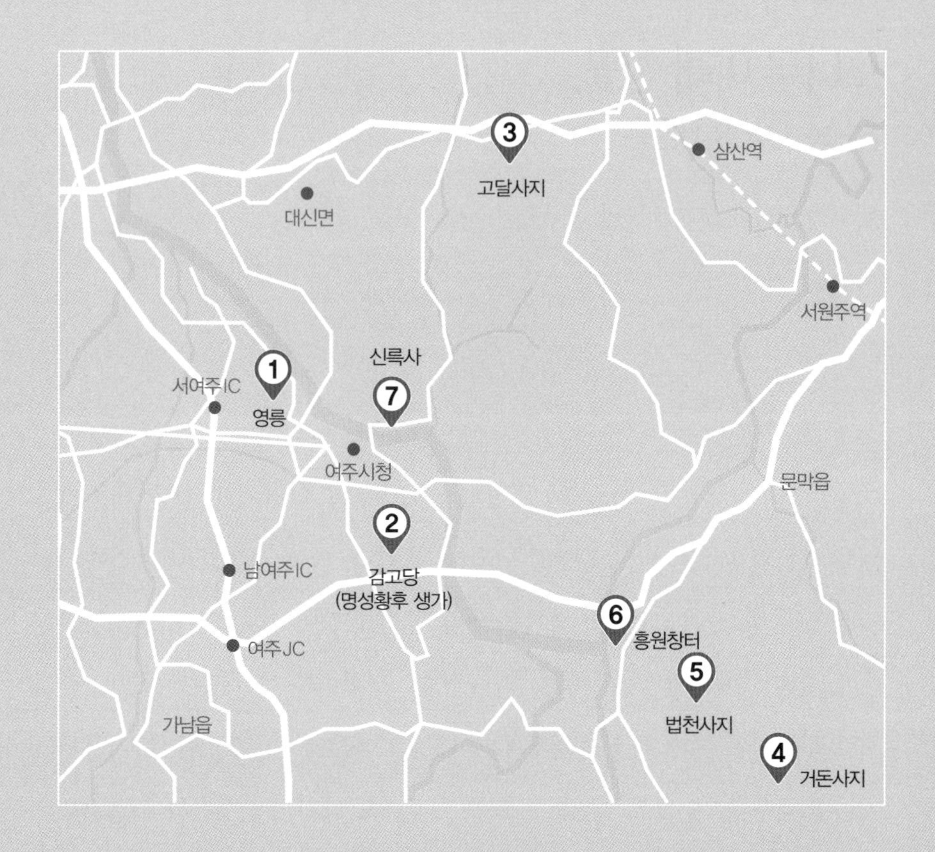


① 여주 영릉
여주시 능서면 영릉로 327

② 감고당 (명성황후 생가)
여주시 명성로 71

③ 고달사지
여주시 북내면 상교리 420-3

④ 거돈사지
원주시 부론면 정산리 141-1

⑤ 법천사지
원주시 부론면 법천리 산 70

⑥ 흥원창터
원주시 부론면

⑦ 신륵사
여주시 신륵사길 73

# 소나무 아래 참꽃, 하늘 아래 배꽃

◉ 여주 영릉과 진달래 군락지

소나무는 인간에게 곁을 내주기 위해 하늘의 혼백을 담고 환생한 숲의 신령 같다. 땅에 자신을 묶고 자족한 기운으로 빛을 찾아 오롯이 하늘을 향해 올곧게 뻗어간다. 그 우직한 정신은 늘 인간의 숨결을 타고 내려온다. 산이든 도심이든 인간 곁에 살면서 산 사람에게는 위로를, 떠난 사람에게는 애도를, 어른에게는 의지를, 아이들에게는 동심을 준다. 홀로 있어도 무리를 이루어도 각자의 신성함과 푸르름을 잃지 않는다. 그 푸르름 덕에 땅과 하늘을 잇는 신의 파수꾼으로 '영원'을 상징하며 왕릉을 지킨다. 왕의 무덤은 좌, 우, 뒤에서 소나무의 호위를 받으며 멀리 안산(맞은편의 산)을 벗 삼아 양지바른 땅에서 산 사람보다 더 풍요롭게 자연을 누린다. 예부터 산은 죽은 자의 땅이었다. 그래서 왕릉은 가장 푸르른 땅을 갖는다.

519년을 이어온 조선 왕조(1392~1910)는 27명의 왕과 왕비, 그리고 사후

추존된 왕과 왕비까지 총 42기의 왕의 무덤, 즉 왕릉을 남겼다. 이 왕릉이 2009년 유네스코 세계유산에 등재된다. 왕릉은 국가통치 이념과 유교의 예법에 근거해 엄격하게 조성되었는데 사후세계에 대한 철학이 반영된 공간으로 평가받는다. 왕릉 역시 배산임수의 풍수에 따라 가능한 한 지형을 거스르지 않고 자연친화적으로 배치했다. 들이나 산이 아닌 적당한 언덕을 가진 곳을 택했는데 그 언덕이 봉분이 놓이는 혈처(穴處)로 땅의 기운을 저장하기 때문이다. 위치는 한양에서 접근하기 좋도록 한강 북쪽 산줄기인 한북정맥과 남쪽 한남정맥을 중심으로 선택해 왕이 효를 실천하는 데 부족함이 없게 했다. 소나무는 왕릉에 오면 긴장된 몸으로 듬성듬성 서로를 존중하며 단정하게 서 있다. 느긋하고 들뜨지 않는 소나무가 왕릉에서는 생경하게 눈을 부릅뜨는 것은 무덤을 지켜야 하는 숙명이 있기 때문이다. 그들은 왕의 무덤에서 서로 얼굴을 맞대며 근위병처럼 무리 지어 장막을 친다.

왕릉의 능침 공간은 3단계로 나뉘는데 제일 윗 단계인 상계에 봉분이 놓인다. 영릉은 병풍석 없이 난간석이 봉분을 둘렀고 그 앞으로 혼유석이 2개가 놓여 합장묘임을 표시한다. 단 아래 중계에 사후세계를 밝히는 장명등이 정면으로 보인다. 그 옆으로 문인석이, 하계에 무인석이 놓여 있다.

여주 영릉(英陵)은 세종대왕과 소헌왕후가 합장된 능이다. 홍살문을 지나 세종대왕의 혼이 쉬는 곳으로 들어간다. 길은 가운데 신로(神路)와 왕이 걷는 어로(御路)로 나뉘고 더디게 천천히 걸어야 하는 어로 끝에, 제향공간인 정자각이 왕을 맞이한다. 능역은 속세공간인 진입공간(재실, 연못, 금천교), 제사공간인 제향공간(홍살문, 정자각), 사후공간인 성역공간(능침공간)의 3단계로 조성된다. 왕은 제향공간에서 부모와 조상을 우러러보며 예를 차리고 지혜를 구한다. 정자각 디딤돌은 세월의 때가 녹아내려 군데군데 이끼색을 띤다. 시선을 넘기니 너그러운 언덕이 보이고 그 위로 소나무가 봉분을 내려다본다. 당시의 우주관인 천원지방(天圓地方)을 담은 듯 정갈하게 원을 만들며 서 있다. 그 안을 구름이 스쳐가고, 밤에는 별들이 자유롭게 돋아나며 우주를 담아낸다. 봉분 주변에는 의례에 사용되는 석물과 인물상, 동물상 등이 가득하다. 모두 상서로운 기운을 빚은 조형물로 능침공간에 놓여 왕의 영원한 안식을 지킨다.

세종대왕의 봉분을 정면으로 바라보니 그 구성과 비례가 우아하면서 위엄이 서린다. 원형의 돌이 떠받치는 2개의 혼유석(魂遊石, 봉분 앞에 놓는 장방형의 석물로 영혼이 나와서 노니는 공간)은 봉분에 무게를 실어주고 그 앞 사후세계를 밝히는 장명등(長明燈)이 완전의 숫자 '8'을 의미하는 팔각으로 조각되어 중심을 잡는다. 정면으로 시선이 집중되게끔 담장은 봉분보다 낮게 조성되었고 망주석(望柱石, 혼유석 양옆에 세우는 8각 돌기둥. 봉분 석물 중 기원이 가장 오래됨)은 양끝에서 좌우대칭을 완성한다. 문인석과 무인석 앞에 서면 늘 묘한 긴장감이 밀려오지만, 그들은 부리부리한 눈으로 충직하게 앞만 바라볼 뿐이다. 그래도 문인석의 옷주름은 우아하고 무인석의 갑옷은 정교하다. 봉분보다 늘 낮은 곳에서 왕을 지키며 서 있다.

영릉의 무인석. 왕릉의 석물은 총 1300여 점으로 동일한 유형을 갖고 대부분 온전히 보전되어 있어 역사적 예술적 가치가 높다.

4월이면 영릉의 엄숙한 소나무 숲 아래 참꽃 군락이 수줍게 피어오른다. 오롯이 하늘로 향하는 소나무가 미처 채우지 못한 빈틈에, 진달래는 나지막이 꽃구름을 만든다. 진달래가 이토록 은은하고 꿈결 같다니 늘 봐오던 꽃도 자리가 달라지니 더 신비롭다. 다 올곧게 뻗은 소나무 덕이리라. 누구와 함께하느냐에 따라 내가 빛나고 너가 빛난다. 진달래 꽃잎을 하나 따서 먹어본다. 씹을수록 옅은 쓴맛이 사라지고 끝에는 미묘하게 단맛이 느껴진다. 달콤함마저 차분하고 더디게 퍼진다. 조선시대에는 왕도 유학자였다. 유학자의 이상향, 군자(君子)는 덕을 쌓아야 도달할 수 있다. 순간의 발화가 아닌, 수줍고 은은한 향이 군자의 덕이다. 소나무는 군자를 닮았고 진달래는 그 덕으로 피어오른다. 그래서 '참꽃'이라 불리었던 것일까. 애민(愛民)정신이 성실함과 열정으로 버무려져 찬란한 문화를 이룩한, 가장 많이 회자되고 존경받는 조선의 왕, 세종. 봄이면 그의 덕은 참꽃 따라 은은하게 영릉을 가득 채운다.

조선시대는 오얏꽃(자두꽃), 복사꽃(봉숭아꽃), 배꽃이 흐드러지게 피는 풍경이 흔했다. 한양에서도 서촌, 성북동 등에서 이들 꽃나무로 봄꽃놀이를 즐기는 사람들이 많았다. 현재 강북구 번동은 오얏꽃이 스며든 이름이다.

영릉에는 오롯이 하늘로 향하는 소나무가 미처 채우지 못한 빈틈에, 진달래가 나지막이 꽃구름을 만든다.

고려 말 『서운관비기』에 '이(李)씨가 한양에 도읍하리라'는 기록이 발견되었다는 설이 퍼지자, 왕이 크게 걱정하며 삼각산 아래 무성한 오얏나무를 베기 위해 벌리사를 보낸다. 그곳을 '벌리'라 칭했고 후에 '번리'로 바뀌면서 지금의 번동이 되었다. 오얏은 자두의 순 우리말로 조선 왕실을 상징한다. 오얏의 한자는 '이(李)'로 전주 이씨를 뜻하는데 삼국사기, 고려사, 조선왕조실록에 복사꽃과 함께 자주 등장한다. 모두 봄을 알리는 꽃이다. 대한제국은 오얏을 공식적인 황실 문양으로 사용했고, 덕수궁 석조전에는 오얏 꽃무

늬가 선명하게 조각되어 있다. 과실수로 전국 곳곳에 피었을 자두꽃, 복숭아꽃, 배꽃 등이 보고 싶었다. 영릉을 지나 여주의 한 과수원에 들렀다. 여주의 비옥한 땅과 일조량은 배를 키우고 옛 봄꽃을 만개시킨다. 시선 아래의 배밭을 보자니 살포시 내려앉은 게, 눈 같고 구름 같다. 배나무는 열매를 맺기 위해 수평으로 가지를 최대한 드리운다. 골고루 햇빛을 받기 위해서다. 오얏꽃, 복사꽃도 마찬가지이다. 열매를 맺어야 하는 운명 탓에 조용하게 피어 굳이 사람들을 기다리지 않는다. 조선시대 도심에 만개했던 오얏꽃, 복사꽃은 산과 들의 작물이 되었고 이제는 벚꽃이 도심을 채운다. 그래도 꽃이 지면 한여름의 뜨거운 태양을 머금고 먹음직스런 열매를 내주니 참되고 복된 꽃들이다. 4월 여주에 가면 소나무 아래 참꽃, 하늘 아래 배꽃을 만날 수 있다.

여주 흥천면 율극리 한 과수원에 배꽃이 만개했다. 살포시 내려앉은 눈 같고 구름 같다.

# 나의 치욕을 잊지 마오

◉ 감고당, 명성황후 생가

경복궁 건청궁은 고종(재위 1863~1907)의 비 명성황후(1851~1895)가 시해된 곳이다. 건청궁은 고종이 그녀를 위해 지은 살림집으로 경복궁 가장 안쪽에 있다. 경복궁 제1차 복원사업을 통해 복원되면서, 을미사변의 기억도 되살아나 치욕의 응어리가 새겨져 있다. 건청궁 외에 명성황후와 관련된 가옥이 여주에 두 채 남아 있다. 먼저 그녀가 8세까지 살았던 생가로 1687년에 지어져 안채만이 당시의 모습대로 보존되어 있다. 그녀는 이후 북촌 안국동에 있던 감고당으로 거처를 옮긴다. 16세에 고종의 비가 될 때까지 감고당에서 살면서 격동의 조선을 지척에서 바라본다. 감고당은 원래 숙종이 인현왕후를 위해 지어준 집으로 안국동 덕성여고 자리이다. 풍문여고와 덕성여고로 가는 길을 감고당길이라 부르는 이유가 이것이다. 감고당길은 꽤나 높은 돌담이 쳐져 있는데 고목들이 심상찮아 보인다. 가을이 되면 고목들은 생명의 리듬 따라 낭만을 흩뿌리며 월동을 준비한다. 덕성여고 내에 있던 감고당은 이후 쌍문동으로 이전

건청궁은 고종이 명성황후를 위해 지어준 살림집으로 경복궁 가장 안쪽에 자리 잡고 있다. 흥선대원군의 간섭에서 탈피해 정치적 자립을 하겠다는 상징물이기도 하다. ①건청궁 사랑채의 모습. 오른쪽 통로는 안채와 연결된다. ②안채 '곤녕합'의 전경. 명성황후의 일상 생활공간으로 이곳에서 을미사변이 일어났다.

했고, 2008년 여주 땅에 정착한다. 그 길, 그 나무와 함께 고단한 세월을 보냈던 감고당은 이제 홀로 남아 외로움이 배어 버렸다. 이 집의 외로움은 복원되는 과정을 들여다보면 더 절절하게 다가온다. 그리고 대한제국과 고종, 명성황후에 대한 우리의 무관심에 난처해진다. 인현왕후가 살았던 조선후기 집인데도 근대식 한옥의 면모를 갖춘 것은 기구한 운명을 건너왔기 때문이다. 늘 궁금했다. 근대식 한옥으로 바뀐 것은 언제이고 그 이유가 무엇일까. 그리고 도대체 누가 수리했을까.

감고당 중건 관련 학술보고서(2005년 여주군 발행)에 의하면, 영조는 인현왕후에 대한 효성이 깊었고 추모사업도 꾸준히 추진했다. 영조는 그녀가 폐위 후 6년 동안 거처했던 침실에 '감고당(感古堂)이란 이름을 내리는데, 인현왕후의 아버지 민유중 이후 누구에게 이어져 왔는지가 확실치 않다. 인현왕후가 복위한 뒤 대대로 봉쇄했다는 『매천야록』의 기록으로 보아 영조가 감고당으로 명명한 후 신성한 공간으로 승격되어 실거주지로는 사용되지 않았던 것으로 추측된다. 현재의 모습을 갖춘 것은 명성황후 때인 것으로 보는데, 옛 모습에서 변형했다는 고종실록 기록과 명성황후가 감고당을 개수했다는 기록이 매천야록에 나오기 때문이다. 건물 부재(部材, 구조물의 기본 뼈대를 이루는 철재, 목재 따위의 재료) 절대 연대를 분석한 결과, 1880년부터 1984년 사이로 나타나 시기적으로도 일치한다. 명성황후가 추진한 감고당 중건공사는 거의 새로 짓는 공사에 가까웠고 완공 후 민씨 가문이 소유한다. 하지

만 1927년부터 1954년까지 총 4번이나 주인이 바뀌는데 1954년 덕성학원의 소유가 되면서 배치가 크게 흔들린다. 운동장을 넓히기 위해 사랑채를 안채 옆으로 옮긴 것이다. 가장 큰 변화는 덕성학원 이사장의 공관으로 사용하기 위해 쌍문동으로 옮겨지면서 일어난다. 여주로의 이주가 결정되자 쌍문동의 감고당을 해체 분석했지만, 사랑채와 안채를 하나로 연결한 데다가 상부구조 변화가 커서 원래 입면을 추정할 수 없었다. 결국 감고당의 복원은 남아 있는 사진자료와 유사한 당시 최상류 가옥의 모습에서 찾아야 가능했다.

중건 시 주안점은 안채와 사랑채의 배치였다. 참고할 만한 기록, 사진들이 없어 결국 두 채를 나란히 배치하기로 했다가 1956년 덕성여고 졸업앨범에 실린 사진 2점을 발견하면서 전면 재검토된다. 이 사진을 토대로 북악산과 겹치는 부분을 기준으로 두 건물의 빗겨난 정도를 파악할 수 있었고 'T'자형 사랑채 건물과 'ㄷ'자형 안채 건물이 서로 앞뒤로 자리 잡았음을 확인하게 된다. 이후 안채와 사랑채는 1927년 동아일보 사진, 1950년대 이후 덕성여고 졸업앨범 등 자료 사진을 토대로 중건된다. 사랑채는 총 18.5칸의 'T'자형으로 덕성여고 앨범에 구체적인 사진이 발견돼 중요한 단서가 되었다. 두 건물 사이에 있던 부속건물은 확인할 방법이 없어 비슷한 시기의 최상류층 가옥을 분석해 최소한의 부속건물을 채워 넣고 담장을 둘렀다. 이렇게 명성황후가 관여했던, 조선 사대부가의 구성을 간직한 근대식 최상류 한옥, 감고당이 부활한다.

①감고당 안채. 감고당은 원래 숙종이 인현왕후를 위해 안국동에 지어준 집이었다. 명성황후는 9세부터 고종의 왕비로 간택된 16세까지 감고당에서 살았다. 현재의 모습은 명성황후 때 근대식 한옥으로 대대적으로 고친 것으로 쌍문동에 있던 것을 복원해 2008년 여주로 옮겨왔다. ②감고당 사랑채

명성황후 생가의 안채 모습. 인현왕후의 부친인 민유중의 묘를 관리하는 묘막으로 사용되다가 직계 후손인 명성황후의 아버지 민치록이 묘를 관리했고 이곳에서 명성황후가 태어난다.

서울을 포함한 중부쪽(남쪽으로는 차령산맥을 경계로 두고 동쪽으로 영서지방까지 해당) 가옥은 'ㄱ'자 안채와 'ㄴ'자 바깥채가 중정을 이루며 튼 'ㅁ'자를 이룬다. 민가부터 사대부가까지 두루 나타나는 서울 중부지역의 완성형 모델로 어느 정도 경제력이 있어야 가능하다. 물론 'ㄷ'자형 안채와 'ㅡ'자형 사랑채가 결합되는 등 여러 변형도 나타나지만 궁극적으로는 튼 'ㅁ'자를 이룬다. 여주에는 보통리 고택(국가민속문화재 제126호), 해평윤씨 동강공파종택(경기도 문화재자료 제97호) 등 독창적이면서도 건실하게 짜여진 조선후기 집들이 여럿 있다. 최근까지도 거주인이 있었으니, 한옥의 한계를 감수하며 살아온 그들의 인심, 품위, 까다로움이 배어 있다 하겠다.

명성황후 생가는 원래 인현왕후의 부친인 민유중의 묘를 관리하는 묘막이었다. 이후 직계 후손인 명성황후의 아버지 민치록이 묘를 관리했고 이곳에서 명성황후가 태어난다. 원래는 1975~76년에 수리한 안채만 남아 있다가 1995년 복원공사로 지금의 배치가 완성되었다. 이 집도 'ㄱ'자 안채와 'ㄴ'자 사랑채가 튼 'ㅁ'자형을 이루며 서울 중부 지역의 완성형을 보여준다. 안채는 3칸의 대청을 중심으로 좌측으로 2.5칸의 안방이 직각으로 붙어 있고 그 아래로 부엌, 부엌광, 방이 놓인다. 대청 우측에는 1.5칸의 건넌방과 2칸의 마루방이 있다. 집은 다듬은 기단과 주초를 사용해 격식도 갖췄다.

명성황후는 16세가 되기 전까지 감고당에 살면서 무엇을 보았을까. 사대부가의 땅, 북촌에서 시대의 변화를 온몸으로 느꼈을 그녀를 기억의 먼 끝에서 소환해 본다. 그녀는 힘없는 조선에서 이이제이(以夷制夷, 적으로써 적을 치게 함)라는 외교술로 일본을 견제하기 위해 러시아를 이용하다 생을 마감한다. 고종은 그녀의 죽음을 계기로 아관파천을 단행하고 조선이 독립국임을 선포해 중국과의 오랜 사대관계를 끊고 일본을 견제하며 개혁을 추진해 나간다. 감고당은 나라의 국모로 일본에 의해 목숨을 잃은, 극적인 삶을 살다간 명성황후의 생을 대면하게 한다. 그녀는 시대의 웅덩이에 기꺼이 몸을 던진, 근대사에 큰 족적을 남긴 인물이다. 생가를 돌아 나오는 길, 조선의 시작과 끝에 섰던 두 인물, 세종과 명성황후를 헤아리며 참꽃의 의미를 되새겨 본다.

# 고려의 이야기를 전하는 남한강변 유물들

◉ 여주 고달사지, 원주 거돈사지와 법천사지, 원주 흥원창터

느리게 걷고 오랫동안 바라보면 자세히 보이고 다른 것들이 보인다. 아무런 문화재는 없지만 묵은 서사를 담고 있는 옛터가 그렇다. 특히 강은 풍경이 역사가 되어 옛 서사의 궤적을 볼 수 있다. 그 풍경과 교감하며 지난 시대를 빗다 보면 옛적 그 순간이 내 눈에 들어온다. 불과 150년 전까지만 해도 배로 물자를 실어 나르던 조운로(조세를 운반하는 길)의 풍경이 그려지는 것이다. '창(倉)'이란 고려와 조선시대 세금으로

남한강은 고려시대 민초들의 삶이 짙게 배어 있다. 오른쪽 둑은 흥원창터 자리로 고려부터 조선후기까지 원주 영동 영서지방의 세곡을 모아둔 창고였다. 이곳에 배들이 정박해 세곡을 서울로 실어 날았다.

받은 물자를 모아둔 국가 물류 창고로 보통 조운로에 위치했고 그 주변은 번화가로 북적였다. 원주 흥원창도 고려를 거쳐 조선시대까지 사용된 창고였는데 남한강과 섬강의 합수머리에 자리 잡았다. 흥원창을 원거리에서 볼 수 있는 여주 창남마루에 먼저 들렀다. 90도로 휘어지는 남한강 물길을 받아내며 속살을 드러낸 조산이 우뚝 솟아 있고 그 옆으로 섬강이 흐릿하게 흘러내려와 남한강에 합류한다. 그리고 남한강이 물길을 틀기 전, 길게 이어진 둑이 보이는데 옛 흥원창 자리다. 흥원창은 충주 덕흥창과 함께 남한강의 대표적인 조창(漕倉)으로 원주와 영동, 영서지방의 세곡을 수납해 경창(京倉, 서울의 창고)까지 운송했다. 전년에 거둬들인 세미(稅米, 세금으로 바치던 쌀)를 이듬해 수도로 운송했는데 200석을 실을 수 있는 배 21척이 정박했다.

인적 없는 남한강가, 천둥오리가 끼룩거리며 날아오르고 작은 새들이 떼를 지어 이동하면서 쉴 새 없이 수다를 떨어댄다. 순간 왜가리가 멀찌감치 있는 나를 알아차리고는 느적느적 날개를 치며 비상한다. 인적 없는 곳에 오니 가까이서 새들과 조우한다. 흥원창은 조선후기부터 민간 선박 운영이 일반화되면서 조창의 기능을 상실했고 지금은 남한강 자전거도로가 되었다. 한갓진 평일인데도 제법 빠른 속도로 드문드문 바람을 만들며 자전거들이 오간다. 시선으로 자전거를 따라가니 그 옛날 조운로에 모인 사람들이 바라보았을 풍경 속으로 머뭇거림 없이 사라진다. 피고 지는 시대의 욕망을, 희로애락 속 인간의 온갖 현실을 흘려보내는 남한강은 예나 지금이나 역사 속에 머문다.

고려시대 번창했던 남한강변 폐사지 중 하나인 원주 거돈사지의 전경. 3층석탑 뒤로 금당지와 석불대좌가 보인다. 1탑 1가람 형식의 고대 규범을 지키고 있지만 지형 따라 효과적으로 건물을 배치해 규범에서 벗어나려는 흔적도 두루 보인다.

통일신라 말이 되면 중앙정부의 세력이 약해지고 지방 호족들이 세력을 확장해나갔는데 남한강변 상류도 독자적인 힘을 갖춘 이들이 있었다. 남한강변에 물류창고가 여럿 있었고 남경(지금의 서울)과 개경을 잇는 주요 수운로 역할을 했기 때문이다. 고려시대 사찰은 지방 호족과 결탁해 방대한 사원전(사원에 속한 논밭이나 토지)을 소유했고 많은 수의 노비를 동원해 활발한 정치, 경제, 군사적 역할을 수행했다. 남한강변에 고려시대 폐사지들이 유독 많은 이유이다. 충주 미륵대원에서 하루를 묵은 고려시대 상주사람 아무개는 하늘재를 넘어 충주 목계나루에서 배를 타고 흥원창에 잠시 정박했다. 그리고 때때로 흥원창에서 지척의 법천사지와 거돈사지에 들러 부처에게 불공을 드렸다. 흥법사지까지 합세하면 원주의 남한강변 3대 폐사지는 모두 고려 초에 전성기를 누렸다. 이 외에도 남한강 유역에는 충주 탑평리 사지, 여주 고달사지 등이 있었지만 여주 신륵사 외에는 폐사되어 석조물만이 세월을 버티고 있다. 천년을 강건히 건너온 이들 석조물들은 국보, 보물급 문화재로 지정되어 찬란했던 불교문화의 욕망을 보상받았다. 흥원창에서 호사롭게 여유를 부린 후, 그 유물들을 찾아 남한강에 걸쳐진 폐사지들로 발길을 돌렸다.

늙은 느티나무가 축대 모서리에서 불쑥 고개를 내밀며 방문객에게 느긋하게 말을 건다. 천년을 지나왔어도 아직 건재하다며 고목은 아직도 새순을 자랑한다. 축대가 높아 저 너머로 부유할 미지의 시대가 작은 흥분을 일으킨다. 계단을 오르면 팽팽한 푸른 하늘에 구름이 흐드러지게 날리고 그 아래 광활한 터에 3층석탑(보물 제750호)이 긴장감 있게 서 있다. 너른 기단 위, 2개의 기단이 또 놓이고 탑신석(塔身石, 석탑의 몸체를 이루는 돌) 모서리에 기둥 모양이 새겨지고 옥개석(屋蓋石, 석탑이나 석등의 위에 지붕처럼 덮는 돌)은 목구조의 처마처럼 우아하게 올라가는, 전형적인 신라시대 3층석탑이다. 거돈사지의 첫 인상은 신라의 석탑이 보다 자유로운 고려시대 사찰 공간에 내려앉은 모양새였다. 1탑 1가람 배치(부처를 모시는, 금당 앞으로 한 개의 탑을 배치하는 형식)의 고대 규범을 지키고 있지만 그 규범에서 벗어나려는 흔적이 두루 보이기 때문이다. 발굴조사 결과, 신라 말 9세기경에 지어져 고려초기에 확장되어 조선전기까지 유지되었는데 고려시대의 사찰은 규

범보다는 지형에 순응해 공간을 확장했다. 거돈사지도 석탑을 중심으로 북쪽이 아닌 동쪽으로 지세에 맞춰 확장되면서 3층석탑이 오롯이 공간의 중심이 되지 못한다. 그래도 중문-석탑-금당 순서라는 원칙은 고스란히 남아 있다. 부처님을 모셨던 금당은 정면 5칸, 측면 3칸으로 주초가 생생하게 남아 있고 2m의 석불대좌가 뭉뚝하게 목숨을 유지하고 있다. 금당은 내부가 통층인 2층 구조의 건물로 추정한다.

기단, 주초, 고목이 흩뿌려진 터에 세월의 그을림이 까맣게 무늬처럼 스며들었다. 둥글게, 모나게 각자의 크기대로 서로 힘을 분산해 경사를 다스리는 기단들은 큰 자연석을 쌓고 그 사이를 작은 돌들로 메운 '막돌 허튼층 쌓기' 방식으로 축조됐다. 조선전기 이후 이 돌들은 무너지고 흩어져 몇 백년을 무덤처럼 살다 새 돌들과 다시 힘을 합쳐 새 생을 얻었다. 기단 틈새를 어찌 뚫고 나왔는지 샛노란 들꽃이 작은 바람에 요리조리 흔들린다. 부처의

거돈사지의 기단은 큰 자연석을 쌓고 그 사이에 작은 돌들을 깎아 메운 '막돌 허튼층 쌓기' 방식으로 축조했다.
기단에는 세월의 그을림이 까맣게 무늬처럼 스며들었다.

사랑은 들꽃처럼 어디서든 발화해 향기를 날린다. 찬란한 석물들에 얽힌 욕망은 덧없지만 석물 사이로 뒤엉킨 풀과 들꽃은 영원하다.

아름다움이 절정을 이루면 인간의 욕망에 불을 지핀다. 찬란한 불교 유물은 폐사보다 더한 업보를 겪기도 한다. 당시의 유명세가 마을의 지명으로 남은 한 폐사지에는 고된 업보를 지나온 한 석조물이 있었다. 원주시 부론면 법천리의 법천사지는 발굴조사를 통해 탑이 2개인 쌍탑 가람 형식임이 밝혀졌는데 금당 규모는 경주 불국사와 맞먹는다. 이 사찰 역시 통일신라에 세워져 고려시대에 번창했고 임진왜란 때 불탄 후 민가로 채워진다. 법천사지가 대사찰이었음을 증명하는 공간이 동쪽 언덕에 고스란히 남아 있다. 2개의 국보, 지광국사탑비(국보 제59호)와 지광국사탑(국보 제101호)이 뿌리내린 곳으로 법천사지의 핵심공간이다. 발굴조사 결과 3개의 건물이 탑과 탑비를 감쌌고 그 아래에도 건물터가 있었다. 건물터 바닥에는 전돌이 깔려 있고 기둥의 초석도 남아 있다. 이는 고려 문종 때의 지광국사(984~1067)를 위해 조성한 승탑원(僧塔院)으로 탑만 세우던 기존 방식과 다르게 고유 영역을 조성한 것이다. 우리나라에서는 보기 힘든 구성으로 탑과 탑비를 보기 위해서는 정문 등 여러 공간을 거쳐야 했음을 알 수 있다.

하지만 국보 제101호 법천사지 지광국사탑은 100년 넘게 원래 자리로 돌아오지 못하고 있다. 역설적이게도 유독 수난이 많은 것은 화려한 자태 때

①원주 법천사지는 금당 규모가 불국사와 맞먹을 정도로 대사찰이었다. 1085년에 세워진 국보 제59호 법천사지 지광국사탑비 ②많은 수난을 겪은 국보 제101호 법천사지 지광국사탑은 경복궁 뜰에 있다 지금은 해체 보전 보수 중이다. (사진 출처: 문화재청)

문이다. 바닥돌 네 귀퉁이는 커다랗게 용의 발톱 같은 조각이 새겨져 움직임을 용납할 수 없다는 듯 땅을 누른다. 총 7단의 기단 중 맨 윗돌은 장막을 두른 듯 조각되었고 탑신에는 문짝이 있어 사리를 모시는 곳임을 알 수 있다. 탑 전체를 정교하게 조각해 한껏 꾸몄고 그 현란함에 눈이 쉴 틈이 없다. 통일신라 이후 사리탑은 8각이 기본이지만 지광국사탑은 평면 사각으로 구성 형식도 새롭다. 사리탑으로서의 위엄도 잃지 않아 고려시대 탑 중 걸작으로 꼽힌다. 지광국사탑의 업보는 일제강점기 시절에 절정을 이룬다.

1911년 화려함에 현혹된 일본인에 의해 오사카로 불법 밀반출되었고, 이후 1912년 조선총독 데라우치가 반환을 명령해 총독부에 기증한다. 이후 9차례 이전되다가 한국전쟁 때 옥개석 이상이 12000조각으로 대파되는데 1957년 시멘트로 보수한 후 원래 자리에 가지 못하고 경복궁 고궁박물관 뜰에 놓이게 된다. 현재는 비, 안개 등 습기에 취약해져 대전 국립문화재연구소에서 해체, 수리하였고 복원이 완료되었다. 또 다른 국보 제59호 지광국사탑비는 거북 모양의 받침돌에 몸돌을 세웠는데 몸돌의 양 측면에 구름 사이를 유영하는 용 두 마리가 기가 막히게 조각되어 있다. 화강암보다 무딘 점판암으로 만들어져 마모된 자국이 마치 나무의 속살 같아 보인다. 세월은 돌을 나무로, 나무를 돌로 치환시킨다. 850년을 함께한 이 두 국보는 원래 태어난 자리에서 조우할 수 있을까.

원주에서 여주로 거슬러 올라가는 길, 산 아래 천이 더디게 흐르는 익숙한 풍경을 지나 작은 산을 넘으니 배꽃이 흘깃 스쳐 지난다. 이 배꽃으로 여주 땅임을 알아챌 수 있다. 여주도 남한강 상류에 거대한 폐사지를 품고 있는데 입지는 원주의 두 폐사지와 비슷하다. 모두 사람들이 많이 드나드는 남한강변 길목에 위치해 산이 높지 않고 아늑하다. 여주 고달사지는 764년에 창건된 고려 초 선원(禪院, 참선 수행으로 깨달음을 얻는 것을 중요시하는 선종의 사찰) 중 하나로 전성기에는 신륵사가 고달사의 입구에 해당할 정도로 사방 삼십 리 절터로 불렸던 거찰이었다. 이곳에는 고려 광종 대에 국사 예

우를 받은 원종대사(869~958)와 관련된 석조 유물들이 남아 있는데 원종대사탑과 탑비, 석불대좌 등 보물 문화재 3개가 현장에 남아 있고 보물 제282호인 쌍사자 석등은 국립중앙박물관 야외 전시장에 있다. 발굴조사 결과, 완만한 경사에 승방영역-금당영역-고승영역이 남북축 선상에 차례로 놓이고 10세기에서 16세기까지의 건물지가 확인되었다. 고려 광종 이후 왕들의 보호를 받으며 성장하다가 17세기 후반에 폐사(廢寺)된 것으로 추정한다.

고달사지에 서면 큰 규모에 움찔하다가 이내 머릿속이 분주해진다. 너른 터에 갈 길이 망설여지는데 나무 데크 길을 따라 움직이면 고려초기의 찬란한 조형예술품들을 풍요롭게 만날 수 있다. 선종 사찰답게 스님들이 수행했던 승방영역을 제일 먼저 지나치는데 좌선 공간인 승당지와 요사채, 욕실 등 규모가 상당하다. 그곳에 석조(물을 담아두거나 곡물을 씻을 때 사용했던 용기) 하나가 낯설게 내려앉았고 석조가 발견된 건물터 안에는 구들, 석조가 놓인 방, 광 등이 있었다. 석조는 바깥 모서리, 안쪽 아랫면 등 모난 곳 없이 둥글게 처리했다. 단순하면서 우아한 자태가 눈에 밟혀 한참을 내려다보았다. 그러다 석조 넘어 석불대좌가 시선을 이끄는데 부처님을 모셨던 금당영역임을 알 수 있다. 석불대좌 받침돌 위아래에는 연꽃잎이 좌우로 펴져나가면서 가지런히 새겨져 있다. 한껏 연꽃을 흩뿌린 석불대좌를 보니 그 위에 올라섰을 부처님도 범상치 않았을 텐데 확인할 길이 없다.

여주 고달사지는 고려 초 대규모 선종 사찰로 전성기에는 신륵사가 고달사의 입구에 해당할 정도로 사방 삼십 리 절터로 불리었다. ①석조(경기도 유형문화재 제247호)의 모습 ②석불대좌(보물 제8호)의 모습

'불탑'은 부처의 사리를 모시고 사찰의 중심부에 놓이지만 '승탑(부도)'은 존경받을 만한 큰 스님의 사리를 봉안한 것으로 보통 외진 곳에 놓인다. 선종은 신라말 고려초의 시대 정신으로 주관적 사유와 수양을 강조했고 아홉 갈래의 승려집단, 즉 구산선문(九山禪門)이 선 사상을 주도하면서 산골짜기를 수양처로 삼았다. 승탑은 불교를 개혁하고 민중에게 깨달음을 주고자 했던 고승대덕(高僧大德, 덕망이 높은 스님)의 염원을 반영하는 조형물로 통일신라후기부터 등장한다. 원종대사 탑(보물 제7호)도 고달사지에서 약간 비껴간 언덕에 놓여 있다. 기단부가 3단으로 이뤄졌고 그 위로 팔각의 탑신(몸돌)과 지붕돌이 올려져 있는데 3단의 기단부가 독특하다. 먼저 1단은 사각의 연꽃잎이 새겨져 있고 2단에는 거북이가 고개를 틀어 정면에 놓이고 그 좌우로 네 마리의 용이 구름 속을 유영하고 있는데 원형이던 것이 윗부분에서는 팔

각으로 바뀐다. 마지막 3단에서 연꽃이 새겨진 받침돌에 팔각의 띠로 마무리된다. 탑신은 4면에는 사리의 자리임을 알리는 문이, 나머지 4면에는 사천왕상(우주의 사방을 지키는 수호신)이 새겨져 있다. 고달사지의 찬란한 석물들은 구도자로서 원종대사의 고뇌를 가늠하게 한다. 그는 거의 30년간 송나라 각처를 떠돌면서 고승대덕을 찾아가 배움을 갈구했다. 그 시간 동안 무엇을 그리 묻고 어떤 깨달음을 얻었을까. 귀국 후 개국된 고려에서 고달사지에 정착했고 수많은 사람들이 배움을 청하러 몰려들었다. 그의 비문에는 '도(道)란 마음 밖에 있는 것이 아니라 부처는 인간의 마음에 내재되어 있다'고 기록되어 있다.

비록 수양자가 누구인지 알 수는 없으나 해탈의 경지를 육안으로 확인케 하는 국보가 고달사지 가장 깊숙한 곳에 숨어 있다. 원종대사 탑을 지나 산을 오르면 소나무의 덕으로 피어오른 진달래들이 따라붙고 흐릿하게 숨은 그들과 눈인사를 나누다 보면 곧이어 아담한 터가 나온다. 그곳에서 이름 없는 조각가의 손길과 이름 모를 큰스님의 지혜가 새겨긴, 국보 제4호 고달사지 승탑과 마주한다. 원종대사 탑의 거북은 우측을 바라보는데 고달사지 승탑은 선명히 정면을 응시한다. 오랫동안 그와 눈 마주침을 하다 보면 속을 꿰뚫린 듯 생경한 느낌이 전해진다. 그러면서 굳이 나를 알려하지 말고 자신을 성찰하라며 해학적인 미소를 건넨다. 고달사지 승탑은 기단부터 팔각으로 이루어진 팔각 원당형(기단, 탑신, 지붕석이 팔각형으로 이루어진

①원종대사 탑은 3단의 기단부가 독특하다. 1단은 사각으로, 2단은 원형과 팔각으로, 3단은 팔각으로 조각되어 있다. ②가장 깊숙한 곳에 놓인 고달사지 승탑(국보 제4호)은 아직 그 주인이 밝혀지지 않았다.

모양)으로 거북이 좌우로 두 마리의 용이 여의주를 받치며 꽈리를 틀어 꿈틀대고, 구름은 그 틈새를 우아하게 메운다. 탑신에는 각각 4개의 사천왕상과 문이 조각되어 있고 처마가 꼿꼿하게 올려진 지붕돌은 꽃처럼 피어올랐다. 원종대사 탑에 비해 지붕돌이 육중해 웅장하면서도 안정감이 있다. 주변 소나무도 그 기운을 이기지 못할 정도로 고달사지 승탑은 국보의 위용을 한껏 발화(發花)시킨다. 이 승탑의 스님은 민초들에게 어떤 희망을 건넸기에 자신의 이름을 지우고 뿌리를 내렸을까. 내려오는 길, 진달래꽃을 흘려보내며 다시 수양자의 공간으로 스며들어갔다.

남한강변을 바라보며 마음을 게워낼 수 있는 곳, 여주 신륵사에서 긴 여정을 끝맺기로 했다. 신륵사에는 유일한 고려시대 전탑(보물 제226호)이 있다. 전탑(塼塔)은 흙으로 구운 벽돌을 쌓아 만든 것으로 통일신라시대의 것 몇 기만 경북에 남아 있다. 신륵사 전탑을 유일한 고려시대 전탑으로 추정하는 이유는 반원 무늬가 새겨진 벽돌 때문이다. 우선 화강석으로 2단의 기단을 쌓고 그 위에 3단의 계단을 다시 쌓은 후 흙벽돌로 탑신부를 6층까지 쌓았다. 통일신라시대의 것과 달리 탑신부의 지붕 부분이 얇아 탑은 위로 갈수록 경사가 완만해진다. 그만큼 우아한 맛은 없지만 전체적인 비례는 안정감을 준다. 강 따라 올라온 민초들은 강변 암반의 전탑에서 불공을 드렸고, 그 아래 강을 바라보며 서 있는 고려시대 3층석탑 옆에 앉아 운수 좋은 날이 되게 해달라며 또 속을 풀어냈을 것이다. 3층석탑도 여태 강과 사람을 지키는 신으로 잘 남아 있다. 고요한 암반에 강바람이 불더니 옛 고려사람의 활기참이 풍경소리와 섞여 주변을 휘감는다. 고려는 불교뿐 아니라 유교와 전통 종교가 함께 발전하는, 사상적 다원성이 보장되었던 나라였다. 국제무역항인 벽란도에서는 송나라, 일본은 물론 동남아 나라들과 멀리 아라

비아 상인들이 왕래할 정도로 개방적이었다. 여성에 대한 차별보다는 자율을 보장했고 부계와 모계를 함께 중시했다. 남한강엔 고려시대의 밀도가 짙게 드리워져 있다. 그 곁에 기댄 품격 있는 석조 문화재는 미지의 시대, 고려를 오롯이 비춘다.

①신륵사 전탑(보물 제226호)은 고려시대 유일한 전탑으로 탑신부의 지붕 부분이 얇아 위로 갈수록 경사가 완만해진다. ②전탑 근처 강변 암반에도 고려시대 3층석탑이 있다. 암반에 놓인 탑은 여태 강과 사람을 지키는 신으로 잘 남아 있다.

도시에서는 시간의 소용돌이에 쉽게 휩쓸리지만 자연은 나를 자유로운 방관자로 만들어 속을 비우게 하는 힘을 지녔다. 옛 건축은 풍수적으로 자연과 가깝고 답사는 그런 자연 속으로 들어가는 길이기도 하다. 그중 폐사지는 덩그러니 남겨진 흉터 같기도 하지만 시간이 지나니 세월로 아물어진 묘한 기운을 깨닫는다. 답사를 꽃을 피우는 여정에 비유해보자면, 폐사지의 즐거움을 느낄 때가 바로 꽃이 피기 시작한 때이다. 있어도 없는 듯한 생경한 땅, 폐사지. 그 땅은 희미한 안개를 둘러치고 오만하게도 가볍게도 해석하지 못하게 나른한 세월 속으로 인간을 흘려보낸다. 낯선 고려시대는 끝내 닿지 못하는 인연인 듯 그리움마저 느끼게 한다. 어쩌면 더 활기찼을지도 모를, 더 평등했을지도 모를 고려를 상상하기 좋은 땅이 여주와 원주 곳곳에 들꽃 되어 살아 있다.

# 상상력을 불러일으키는 남한강변 폐사지들

남한강변의 또 다른 고려시대 폐사지 두 곳을 소개한다. 남한강변을 따라 이들 폐사지만 묶어 답사를 다녀도 훌륭하다. 비록 헛헛해 보여도 묘한 긴장감과 상상력을 일으키는 장소로, 먼 나라 고려를 대면하는 좋은 기회가 된다.

한강 이남에서 최초로 확인된 고려시대 창건 사찰, 충주 숭선사지 전경. 왼쪽이 금당자리로 멀리 남한강이 내려다 보인다.

## ❀ 어머니를 위해, 충주 숭선사지

숭선사지(사적 제445호)가 큰 의미를 갖는 것은 한강 이남에서 최초로 확인된 고려시대 창건 사찰로 왕실이 주도해 설립한 원찰(願刹, 망자의 명복을 빌기 위해 건립한 사찰)이기 때문이다. 중앙집권이 안정된 후 11세기에는 왕실의 기복을 빌기 위한 원찰 건립이 절정을 이루어서 개경 시내와 교외에는 왕실 원찰로 가득했다. 이런 원찰은 종교적인 공간인 동시에 왕과 백성을 하나로 잇는 국가 의례의 정치적 기능도 담당했다.

숭선사는 태조 왕건의 셋째 부인이자 광종의 어머니인 충주유씨 신명순성왕후의 명복을 빌기 위해 아들 광종이 954년에 세운 원찰이다. 충주 호족이 왕실과 가까웠음을, 그리고 숭선사도 충주 지역에서 상당한 위상을 갖고 있었음을 알 수 있다. 고려사나 고려사절요에 광종이 어머니의 명복을 위해 사찰을 창건했다는 기록이 전해져 개경 근처로 추정했는데, 1980년대 초 '숭선사(崇善寺)'라 쓰인 기와가 발견되면서 주목을 받아왔다. 2000년대 초반 몇 차례의 발굴조사를 통해 금당, 탑지, 회랑지 등의 건물터가 발견되었고 조선 성종 10년(1497년), 명종 6년(1551년), 선조 12년(1579년) 등이 새겨진 명문기와로 총 3차례의 중수 및 중창이 있었던 것으로 추정한다. 출토된 다수의 자기류, 철제품류는 대부분 고려시대의 것으로 석축 기단, 주초석, 배수로, 우물, 온돌 등이 보존되어 있어 고려시대 건축 유적으로 중요한 가치를 지닌다. 숭선사지에서 약 100m 거리에 숭선마을이 있는데 여기에 당간지주 1기가 남아 있다.

## ❁ 8마리의 용을 만나다, 원주 흥법사지

거돈사지, 법천사지에 이어 원주 3대 폐사지로 알려진 곳이 흥법사지이다. 흥법사가 정확히 언제 세워졌는지는 알 수 없으나 진공대사(869~940)가 940년 이곳에서 입적했다는 기록이 있어 신라 말부터 제법 규모가 큰 사찰로 존재했을 것으로 추정한다. 여주 고달사지, 원주 거돈사지 등과 더불어 고려 전반기 선종계 사찰로 중요한 역할을 했던 것으로 보인다. 진공대사는 당나라에 유학을 다녀온 후 공양왕의 스승이 되어 존경을 받았고, 그가 입적하자 태조 왕건은 직접 탑의 비문을 지었다고 한다. 진공대사탑비(보물 제463호)는 받침돌과 머릿돌만 남아 있고 비문이 새겨진 몸돌은 국립중앙박물관에 있다. 받침돌로는 용을 닮은 거북이 땅을 다스리듯 버티고 있고, 머릿돌엔 비의 명칭이 정면에 새겨져 있으며, 총 8마리의 용이 사방을 주시하듯 조각되어 있다.

원주 흥법사지의 전경. 거돈사지, 법천사지와 함께 원주 3대 폐사지로 알려져 있다.

①진공대사탑비 귀부(받침돌)는 호방한 기상의 용머리가, 이수(머릿돌)에는 총 8마리의 용이 사방을 주시하고 있다. ②탑비 뒤로 고려시대 3층석탑이 서 있는데 한눈에도 세월을 지탱하기에는 힘에 부쳐 보인다.

진공대사탑비 뒤로 고려시대 3층석탑이 서 있다. 2개의 기단 위에 탑신부는 3층으로 구성되어 신라시대 탑의 양식을 따랐다. 첫 번째 기단 각 면에 꽃 문양을 3구씩 조각했는데 이는 고려시대 석탑의 특징이다. 1층 탑신석에는 네모난 문과 문고리가 조각되어 사리를 모시는 공간임을 상징적으로 표현했다. 문양은 선명해도 3층석탑은 곳곳이 위태로워 보였다. 그 자리를 떠나고 싶어도 땅에 붙들려 꼼짝달싹을 못하는 모양새이다. 늘 세월을 초월해 있는 듯한 석탑들도 때로는 세월을 지탱하기에는 힘에 부쳐 보인다. 원래 염거화상탑(국보 제104호), 진공대사탑 및 석관(보물 제365호)도 함께 있었으나 일제강점기에 강제로 옮겨졌다가 지금은 국립중앙박물관에 보관 중이다.

# 예술가가 사랑한 바다, 통영

통영은 바다와 인간이 가깝게 엉켜 있다. 배들이 만드는 물길도, 짠맛을 싣고 오는 바람도, 군무를 이루는 섬들도, 그걸 바라보는 사람들도 바다의 일부가 되어 자연의 대서사를 이룬다. 이 바다는 이순신 장군과 여러 예술가들을 통해, 조국이란 무엇인가를 생각하게 하는 힘까지 지녔다.

무리가 모이면 때때로 장관을 이룬다. 미륵산에서 동쪽을 바라보면 한산도와 여러 섬들이 기다란 띠를 이룬다.

① 미륵산
통영시 봉평동 일대

② 달아 공원
통영시 산양읍 산양일주로 1115

③ 동피랑 벽화 마을
통영시 동피랑1길 6-18

④ 세병관
통영시 세병로 27

⑤ 한산도 제승당
통영시 한산면 한산일주로 70

⑥ 윤이상 기념관
통영시 중앙로 27

⑦ 박경리 기념관
통영시 산양읍 산양중앙로 173

⑧ 전혁림 미술관
통영시 봉수1길 10

⑨ 김춘수 생가
통영시 통영해안로 373-2

⑩ 청마 문학관
통영시 망일1길 82

# 신이 빚은 바다

◉ 통영 한려해상국립공원,
산양일주도로, 동피랑 마을

늦은 오전, 정면으로 맞닥뜨린 태양이 내 시야를 흩뜨려 놓는다. 시선을 비껴도 정면으로 맞서는 태양 때문에 풍광을 제대로 담을 수가 없다. 그늘진 곳을 찾아 다시 초점을 맞추니 햇살을 받아낸 바다 위로 섬들이 오롯이 드러난다. 무리가 모이면 때때로 장관을 이룬다. 부드러운 실크 바다 위로 봉긋 솟아난 섬들이 이어지고 끊기길 반복하

늦은 오전 통영 한려해상국립공원의 풍경. 무리가 모이면 때때로 장관을 이룬다. 부드러운 실크 바다 위로 봉긋 솟아난 섬들이 이어지고 끊기길 반복하며 바다를 떠다닌다.

며 바다를 떠다닌다. 북쪽을 바라보니 인간, 산, 바다가 서로 기댄 통영항이 펼쳐지고 동쪽은 거제도를 배경으로 한산도와 여러 섬들이 기다란 띠를 이룬다. 남쪽은 망망대해 위로 섬들이 한 자리씩 잡아 첩첩산중을 이룬다. 어느 방향도 같은 풍경이 없다. 배들이 희미하게 그어대는 물길도, 아무 움직임 없는 통영항도, 시간에 따라 달라지는 바다도, 알 수 없는 바람의 방향도, 그걸 즐기는 사람들도 미륵산 정상에서는 풍경의 일부가 되어 대서사를 이룬다. 서쪽 여수 오동도부터 통영을 지나 동쪽 거제 지심도까지 한려해상국립공원은 삼백 리 바닷길에 360여 개의 섬을 싣고 있다. 통영 미륵산은 한려해상국립공원을 사방으로 바라볼 수 있는 최고의 전망대이다. 산에 올라야 허락되었던 풍경들이 지금은 케이블카로 단숨에 닿는다. 이제 내려갈 시간이다. 저 바다로 저 도시로 저 섬으로, 또 누구를, 어떤 사연을 만날까.

미륵산 정상에서 바라본 통영항. 배들이 만드는 물길도, 통영항도, 바다도, 바람도, 그걸 바라보는 사람들도 풍경의 일부가 되어 자연의 대서사를 이룬다.

새해가 되면 어느덧 강요된 다짐을 해보지만, 사실은 충실하게 일상을 보내야 삶의 실타래를 엉키지 않게 잘 감을 수 있다. 늘 뜨고 지는 태양이 말해준다. 지는 그 순간조차도 찬란한 하루가 가장 소중하다고.

미륵산에서 내려와 달아공원까지 산양일주도로를 달리기로 했다. '달아'는 지형이 코끼리 어금니와 닮았다고 해서 붙여진 이름으로 밤하늘에 달구경 하기 좋은 곳으로 유명하지만, 오히려 달 뜨기 전의 찰나가 황홀한 곳이다. 도로에 숨어 자신을 에둘러 보여주지만 아까는 멀기만 하던 섬들이 이제는 손에 닿을 듯 가깝다. 어느새 태양이 바다를 서서히 빛 비늘로 물들이기 시작했다. 이내 수평선 뒤로 몸을 감추면, 섬도 집도 산도 바다도 어둠에 묻히고 태양은 매혹적인 붉은 잔해를 토해낸다. 마치 세상이 불타오르듯 하늘을 열정적인 빛으로 삼켜버린다. 평온한 바다로 누그러졌던 마음이 그 찬란한 빛에 다시 타오른다. 새해에 일몰을 올곧이 바라보다니 낯설기까지 하다. 새해가 되면 어느덧 강요된 다짐을 해보지만, 사실은 충실하게 일상을 보내야 삶의 실타래를 엉키지 않게 잘 감을 수 있다. 늘 뜨고 지는 태양이 말해준다. 지는 그 순간조차도 찬란한 하루가 가장 소중하다고.

미륵산에서 바라보던 아늑한 풍경 속, 한 마을로 들어왔다. 동피랑 벽화마을은 강구안 언덕배기에 자리 잡아 길들이 가파르다. 길을 오를 때마다 거주자들에게 방해가 되지 않을지 조심스럽다. 만약 이 언덕배기에 아파트가 들어섰다면 오만하게 하늘을 가리고 바다를 지배했을 것이다. 지역 예술가들의 정성으로 동피랑은 벽화마을로 탈바꿈했다. 미로 같은 골목, 주택가 담벼락 곳곳에 벽화가 펼쳐진다. 그리고 불쑥 무지개를, 물고기를, 어린 왕자

동쪽 벼랑의 마을, 동피랑은 지역 예술가들의 정성으로 전국에서 가장 유명한 벽화마을로 탈바꿈했다.

를, 빨간 머리 앤을 만난다. 내 부모님의 어린 시절을 떠올리는 추억 속 사진도, 어릴 적 좋아했던 만화 속 캐릭터도 한자리 차지한다. 이곳에서 강구안을 내려다보면 언덕이, 항이, 바다가 서로를 보듬는다. 분주하게 오가는 사람들, 쉼을 청하는 배들이 바다를 의지해 살아간다. 이 바다에서 가장 빛났던 사람, 바다가 기억하는 사람, 이순신(1545~1598). 여수 통영 남해 등 남해안은 온통 이순신의 정신이 바람 따라 출렁거린다. 바다도 이순신도 자신의 운명을 따랐을 뿐, 그가 바라봤을 풍경 앞에서 그의 침묵을 헤아려본다.

# 무거운 침묵을 기리다

◉ 이순신, 세병관, 한산도

조선시대 가장 넓은 바닥 면적을 가진 건물 중 경복궁 경회루를 제외하면 두 곳 모두 남해 바다를 바라보고 있다. 하나는 통영 세병관(洗兵館)이고 또 하나는 여수 진남관이다. 두 건물 모두 조선시대 해군 진영의 핵심 건물로 이순신을 환기시킨다. 임진왜란

통영 세병관은 삼도 수군을 지휘하던 삼도수군통제영의 중심 건물이다. 1605년에 이경준 통제사가 지은 것으로 경복궁 경회루, 여수 진남관과 함께 바닥 면적이 가장 넓은 조선시대 목조건축 중 하나이다.

이 일어나기 1년 전인 1591년, 이순신은 전라좌수영이 있었던 여수에 전라좌수사로 부임한다. 그리고 1593년 초대 삼도수군통제사로 임명돼 최초의 삼도수군통제영(삼도 수군을 총지휘하는 통제사가 있는 본진)인 통영 한산도에서 임무를 수행한다. 정유재란으로 한산 진영이 폐허가 된 후 통제영은 여러 지역으로 옮겨 다니다가 제6대 통제사 이경준이 통영으로 정한 후 터를 닦기 시작한다. 숙종 때 통제영은 4개의 문과 3개의 포루(鋪樓)를 갖춘 길이 약 3.6㎞의 성의 면모를 갖추었으나, 일제강점기 세병관을 제외한 100여 동의 건물이 헐렸고 그 자리에 새로운 건물들이 들어섰다. 통제영은 1895년에 폐영될 때까지 290여 년간 삼도 수군을 지휘하던 본영이었고, 통영의 이름도 여기서 유래했다. 현재의 통제영(사적 제402호)은 관공서와 주택이 있던 옛 통제영 터를 최근 일부 정비 복원한 것이다.

세병관은 배흘림 대신 민흘림 기둥을 사용해 우아한 맛을 덜고 강직한 맛은 더했다. 벽체나 창호 없이 바다를 향해 자신을 투명하게 드러내며 갖은 풍파를 받아내니 그 강직함이 큰 몸집만큼 묵직하다.

세병관은 1605년에 세운 객사(고려와 조선시대에 각 고을에 둔 관사로 국왕의 위패를 모셨고, 중앙관리의 숙박시설로도 사용됨) 건물로 삼도수군통제영의 중심이었다. 일제강점기에도 헐리지 않고 살아남아 그 위용을 여태 잘 지키고 있다. 가파른 계단을 올라 삼문을 지나니 땅과 하늘의 호위를 받고 서 있는 세병관을 만난다. '은하수를 끌어와 병기를 씻는다'는 만하세병(挽河洗兵)에서 따온 세병관의 글씨가 시원하면서 절도 있다. 정면 9칸 측면 5칸으로 50개의 민흘림 기둥(아래에서 위로 올라갈수록 서서히 두께가 좁아지는 기둥)이 장중하게 팔작지붕을 떠받친다. 세병관과 진남관 모두 배흘림 대신 민흘림 기둥을 사용해 우아한 맛을 덜고 강직한 맛은 더했다. 중앙 뒷면에 바닥 단을 올리고 분합문을 달아 궐패(임금을 상징하는 '궐'자를 새긴 나무 패)를 모시는 공간으로 구획해 위계를 달리했다.

잠시 걸터앉으니 기둥의 그림자가 일렬로 늘어서 일행 틈에 끼어든다. 당산나무처럼 올곧게 서 말조차 걸기 힘든 기둥들은 그림자로 인간에게 다가와 역사의 잔해를 속삭인다. 벽체나 창호 없이 바다를 향해 자신을 투명하게 드러내며 갖은 풍파를 받아내니 그 강직함이 큰 몸집만큼 묵직하다. 세병관은 국보 제305호인데 국보 304호가 여수 진남관(鎭南館)이다. 진남관은 이순신과 직접적인 인연이 있다. 진남관은 전라좌수영의 본진이 있던 자리로 원래는 진해루라는 누각이 있었다. 정유재란 때 불타 사라지자 1598년 전라좌수사 이시언이 객사로 진남관을 지었고 1716년 화재로 다시 소실

된 후 1718년에 재건됐다. 이 건물은 정면 15칸, 측면 5칸으로 건물 면적만 240평에 달해 현존하는 관아건물 중 가장 규모가 크다. 총 68개의 민흘림 기둥이 건실하게 서 있다. 세병관, 진남관 두 건물이 관아건물 중 유독 규모가 크고 위풍당당한 것은 바다를 지켜낸 자부심이자 승리를 각인시키고자 했던 선조들의 기원 같기도 하다. 이순신의 한산대첩 이후 여수 전라좌수영에서 사흘간 종을 쳤다는 이야기도 전해진다.

1592년 봄, 부산포에서 시작된 임진왜란은 7년 동안 조선을 유린하고 파괴시켰다. 일본은 보름 만에 한양을 함락했고 선조는 압록강변 의주로 도피하면서 조선은 두 달 만에 패망 직전까지 다다른다. 일본군이 쳐들어온 뒤 한 달여 만에 치른 옥포전쟁 당시 전라좌수사였던 이순신은 경상우수사 원

여수 진남관은 전라좌수영의 객사 건물로 정면 15칸, 측면 5칸으로 건물 면적만 240평에 달해 현존하는 관아 건물 중 가장 규모가 크다. 전라좌수사였던 이순신은 이곳에서 근무하다 임진왜란 때 삼도수군통제사로 임명돼 통영으로 근무지를 옮기게 된다.

균과 함께 거제 옥포에 주둔해 있던 일본군과 싸워 승리한다. 이후 이순신은 1598년 노량해전까지 20여 회의 전투를 모두 승리로 이끈다. 위기 때마다 그의 작전은 치밀하고 효과적으로 수행되었다. 비록 1597년 2월 서울로 압송되어 고난을 겪었지만 4월 백의종군해 해남 명량해전에서 큰 승리를 거뒀고 이후 남해 노량해전에서 죽음을 맞이한다. 남해는 그의 순국지로 유허비가 세워져 있다. 서울 중구 명보아트홀 광장에는 이순신 생가터 표지석이, 충남 아산에는 그를 기리는 사당 현충사가 있다.

남해 바다에서 그의 노고가 없는 땅과 바다가 없다. 그 바다에 서면 그의 완강한 신념 앞, 알 수 없는 응어리에 나도 모르게 침묵하게 된다. 전쟁 통에 얼마나 많은 삶의 의문들이 수면 위를 떠다니면 그를 괴롭혔을까. 배고픔과 추위에 시달리는 병사들을 마음 아파하면서도 법을 이탈할 때는 무자비할 정도로 엄격했던 그였다. 그래서 관직생활의 부침이 심했고 이미 그의 마음은 굳은살이 배어 있었다. 삼도수군통제사에서 죄인으로 강등돼 핍박을 받았지만, 자기를 죽이려 들었던 임금과 권력자들에 대해 불평 하나 기록에 남기지 않았다. 그래서 그의 침묵은 뭐든 곱씹게 한다. 그때의 역사를, 지금의 역사를, 그리고 나를. 그가 스쳐간 공간들은 업적을 따지는 자리가 아니라 그를 헤아리는 자리이다. 그의 생애는 결국 역사가 보상했다. 죽음을 오롯이 받아들였던 그 용기와 내면의 강직함이 우리에게 고스란히 전달되기 때문이다. 그가 3년여간 해군을 훈련시키고 통솔했던 곳, 한산도에서

그를 마지막으로 조우하려 한다.

한산도행 배편을 잡고 뭉갤 시간이 없어 점심을 충무김밥으로 해결하기로 했다. 통영의 옛 이름은 '충무'다. 이순신의 호 충무공(忠武公)을 딴 이름이다. 지금은 김밥의 이름으로 남아 이순신을 환기시킨다. 별 기대 없이 한 입 물었는데 맛이 좋다. 재료 준비가 많은 일반 김밥보다 단순해서 더 좋다. 배에서 내려 제승당으로 향했다. 춥지는 않은데 먹구름 덕에 공기까지 숨을 죽인다. 잿빛 호수 바다에 눈길을 두다 고개를 드니 해송 무리가 바짝 다가와 있다. 그들은 바닷바람에 서럽게 시달리지 않는다. 올곧게 뻗어도 우아하게 휘어도 모두 강인하게 자리를 지킬 뿐이다. 그러면서 한산도를 찾은 인간에게 무언가를 들으려는 듯 한껏 몸을 낮추고 귀를 기울인다. 마치 이순신의 혼을 싣고 기다렸다는 듯이.

제승당(制勝堂)은 원래 이순신이 기거하던 운주당 터에 1739년 통제사 조경이 건물을 다시 세우고 '승리를 만드는 집'이라는 뜻으로 이름 붙인 것이다. 이순신은 이 터에서 3년 8개월(1593~1597)간 삼도수군통제사로 지내면서 군사를 훈련시키고 참모들과 작전계획을 세우며 삼도 수군을 지휘했다. 해군작전사령관실의 기능을 하던 곳으로 이곳에서 난중일기를 쓰기도 했다. 비록 1976년에 다시 지은 것이지만 그의 성실과 충직이 400년 동안 눌러앉고 다져진 자리이다. 건물은 허해도 그의 정신은 해송의 호위를 타고

제승당으로 가는 길에 해송 무리가 인간에게 무언가를 들으려는 듯 한껏 몸을 낮추고 귀를 기울이고 있다.

한산도 제승당 누각에 올라가 바라본 바다. 통영의 옛 이름, 충무는 이순신의 호를 딴 것이었다. 이 섬 앞에서 임진왜란 3대 대첩 중 하나인 한산대첩이 이뤄졌다.

한산도를 부유하고 있다. 잠시 누각에 올라 통영바다를 바라본다. 햇볕이 없으면 겨울은 유난히 무거운 공기에 시달린다. 잇속 차리지 않고 자신의 본업에 고집스럽게 충성했던 이순신이, 포기와 타협으로 삶의 얼개를 그리기 시작한 중년이 되어서야 제대로 보인다. 모두에게는 각자 마음의 부피가 있다. 바닷바람 따라 부유하던 그가 내 마음을 툭 치며 말한다. 숱한 불행이 삶을 부스러지게 해도 자신이 가진 마음의 부피를 회피하지 말라고.

# 그럼에도 조국이어라

◉ 통영의 예술가들

일제강점기도, 한국전쟁도 대한민국 역사의 큰 소용돌이는 이후 시간에도 끈질기게 관여한다. 독일 유학생들이 간첩으로 몰려 대한민국으로 소환되어 투옥되었던, 동백림 사건(1967년). 고초를 겪은 인물 중 하나인 작곡가 윤이상(1917~1995)도 통영에서 성장했다. 자신의 음악은 고향 통영에서 출발했다고 늘 말하던 그는 아버지를 따

통영의 윤이상 집터에는 그의 기념관, 베를린 하우스가 세워져 있다. 독일 집을 본떠 만든 것으로 그가 살던 공간을 재현해 놓았다.

라 밤낚시를 가면 고기가 뛰는 소리, 어부들의 노랫소리가 배에서 배로 이어지면서 바다 수면으로 노랫가락이 공명처럼 울려 퍼졌다고 회상했다. 칠흑 같던 바다에 노랫가락이 떠돌고 별들이 쏟아졌을 테니 망망대해가 두렵지 않았을 것이다. 그렇게 노랫가락은 그에게 어둠도 이기는 기억을 심어줬다.

통영에는 화가, 시인, 작가, 음악가, 장인 등 유난히 많은 예술가들이 뭉쳐 있다. 대하소설 토지의 작가, 소설가 박경리(1926~2008)도 통영에서 태어났다. 1955년에 등단한 그녀는 1969년부터 1994년까지, 무려 26년간 대하소설 토지를 연재한다. 그녀의 생가터(통영시 문화동 328~1)는 물론 박경리 문학관과 묘가 모두 통영에 있다. 그뿐 아니다. 색채의 마술사로 불리는 코발트블루의 화가 전혁림(1916~2010), '이것은 소리 없는 아우성'(깃발 중)과 '사랑하였으므로 나는 진정 행복하였네라'(행복 중)의 시인 유치환(1908~1967), '내가 그의 이름을 불러주었을 때 그는 나에게로 와서 꽃이 되었다'(꽃 중)의 시인 김춘수(1922~2004), 나전칠기 명장 김봉룡(1902~1994)도 통영 출신이다. 굵직한 예술가들이 통영과 인연이 많은 이유가 무엇일까. 의아해했던 기억이 답사 막바지가 되니 안개 걷히듯 사라지고 한 가지가 선명하게 떠올랐다. 통영의 바다를 보고 사는 삶이면 가장 비밀스런 나에게 잔잔히 도달할 듯하다. 느긋하게 여러 생각의 실을 엮는 일상을 살다가 마침내, 심연의 옷을 완성하게 하는 곳, 통영의 바다. 그렇지 않고서야

이 많은 예술가들을 어찌 다 설명할 수 있을까. 박경리는 기후 좋고 풍랑이 잔잔해 살기 좋은 땅이라며 바닷가 사람들이 봉건적인 것에서 빨리 벗어나 보다 진취적이라고도 평했다. 임진왜란 때 이순신이 배와 칼, 활을 만들기 위해 모은 팔도의 장인이 전쟁 후 눌러앉게 된 것도 풍족한 바다 때문이었다. 통영은 나라에 진상(進上)하던 공예의 중심지가 되었다.

전혁림 그림의 강렬한 블루, 유치환이 우체국 앞 연정을 보내던 그 바람, 윤이상의 회상 속 바다 위를 떠다니던 노랫가락, 모두 통영 바다의 분신들이다. 신이 빚은 바다, 한려해상국립공원을 가득 안은 통영은 바다와 사람이 가깝게 엉켜 있다. 섬들이 주인인 바다의 품에 기생해 살며 도시는 군무를 이룬다. 자연은 예술의 영감이다. 인간은 땅에서 시작해 땅에 묻히지만, 창작도 그 땅을 담보로 피어난다. 그래서 자신을 등진 조국이었지만, 차마 잊지 못해 고향산천으로 돌아와 다시 외쳐지나 보다. 조국의 풍랑을 온몸으로 받아내 살갗이 찢겨 아파도, 그래도 '내 조국이어라'라고.

# 소설 '토지'의 고향,
# 경남 하동 평사리

## 꿈결 같고 신기루 같은

박경리의 역작, 소설 토지는 4대에 걸친 최참판댁의 가족사를 큰 줄기로 한다. 개화기, 동학혁명, 일제강점기 등 우리나라 근현대사를 두루 품었다. 그 대

소설 토지의 무대 평사리의 전경. 마을 앞으로 악양평야가 펼쳐지고 오른편으로 섬진강이 흐른다.

장정 속 배경이 경상남도 하동 악양면 평사리이다. 소설에서 평사리 들판은 신분 갈등, 해방, 전쟁, 사랑 등 당시의 혼란을 온몸으로 받아내는 모태이다. 그런데 정작 박경리 작가는 소설이 완결될 때까지 평사리에 한 번도 가본 적 없이 오직 직관력과 상상력으로 토지를 집필했다. 어린 시절 외할머니가 들려줬던 이야기가 큰 이미지로 남았고, 그와 비슷했던 하동 평사리를 소설 속으로 데려와 한국 근대사의 광활한 역사를 풀어낸 것이다. 박경리는 책을 집필한 지 거의 30년이 지난 후에야 하동 평사리를 찾아 비로소 '토지'를 실감했다고 한다. 그녀는 핏빛 수난이 가득한 지리산과 풍요로운 이상향 평사리가 맞물리면서 역경을 딛고 이상향을 꿈꾸는 것이 우리 삶의 갈망이며 진실임을 깨달았다고 고백한다. 이제는 평사리를 보면 소설 토지가 실화처럼 느껴진다. 평사리는 지리

산 지맥이 풍요로운 들을 3면으로 감싸고 그 앞으로 섬진강이 어질게 꿈결처럼 흐른다. 세상과 단절된 이상향에 들어온 듯 잔잔한 호수처럼 광활하고 비옥하다. 그래서 신기루 같은 땅이다. 넉넉하고 풍요로운 들판은 그렇게 근대사의 무대이자 역사의 자취가 되었다.

### ❁ 최참판댁 재현의 모태가 된 조씨 가옥

경상도에서 보기 어려운 들판을 가졌고 지리산과 섬진강이 지척에 있는 데다 당시 역병으로 인근 부잣집에서 들판의 곡식을 추수하지 못했다는 이야기를 듣고, 박경리는 평사리를 소설의 배경으로 삼았다고 한다. 현재 평사리의 최참판댁은 소설 속 공간을 재현한 것으로, 최참판댁의 모태가 된 가옥이 평사리에 남아 있다. 바로 조씨 가옥으로 문화재로 등록되지 않아 일반인들은 잘 찾지 않는 데다 지금도 사람이 살고 있어 집 안을 구경하기가 쉽지 않다. 조선 개국공신 조준(1346~1405)의 직계손인 조재희가 낙향해서 터를 잡았고 일명 '조부자집'으로 알려져 있다. 구전에 의하면 16년에 걸쳐 집을 지었고 동학혁명과 한국전쟁을 거치면서 사랑채, 행랑채, 후원의 초당, 사당 등이 불타 없어지고 지금은 안채와 연못만 남아 있다.

①평사리의 최참판댁은 소설 속 집을 재현한 것으로 평사리의 조씨 가옥이 모태가 되었다. 최참판댁 사랑채에서 바라본 악양평야와 섬진강 ②조씨 가옥 전경

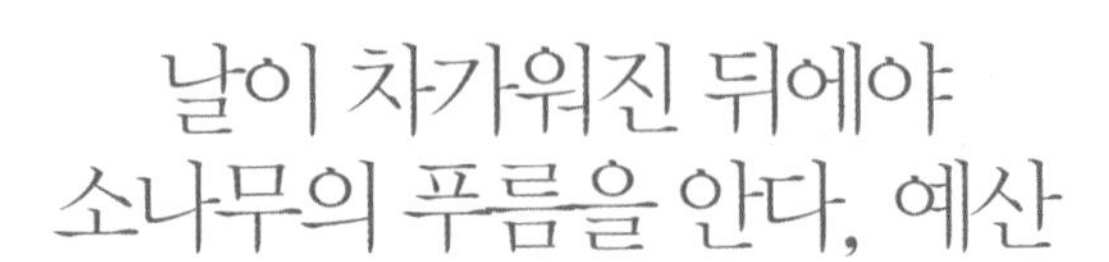

# 날이 차가워진 뒤에야
# 소나무의 푸름을 안다, 예산

충청 제일의 명당, 내포는 대대로 충남의 경제 중심지였고 한양의 세도가들이 농토와 집을 두고 근거지로 삼아 걸출한 인물이 많다. 그중, 날이 차가워도 푸름을 잃지 않는 소나무 같은 존재가 예산에 셋 있으니 추사 김정희, 매헌 윤봉길 그리고 수덕사 대웅전이다.

덕숭산 자락에서 바라본 내포 땅. 내포사람들이 곧은 의식을 갖는 것은 세월의 깊이만큼 뿌리 내린 '곧은 강' 때문일지도 모른다.

① 추사 김정희 유적
예산군 신암면 추사고택로 261

② 남연군묘
예산군 덕산면 상가리 산 5-29

③ 화암사 김정희 암각문
예산군 신암면 추사고택로 203-36

④ 윤봉길 의사 사적지
예산군 덕산면 덕산온천로 182-10

⑤ 예산 보부상박물관
예산군 덕산면 온천단지1로 55

⑥ 구 호서은행 본점
예산군 예산읍 사직로 2

⑦ 수덕사 대웅전
예산군 덕산면 수덕사안길 79

⑧ 이응노의 집
홍성군 홍북읍 이응노로 61-7

# 명문가를 키운 풍요의 땅, 내포

◉ 추사 김정희 유적, 남연군묘

추사 고택 가는 길, 떨어진 잎들이 여기저기 보이기 시작한다. 열매마냥, 알록달록할 때 떨어지는 잎이 있는가 하면 겨울 문턱까지 몸의 생기가 빠지도록 버티다 떨어지는 잎도 있다. 초가을, 급하게 떨어진 낙엽이 봄날의 꽃잎 같아 뜻하지 않게 봄을 소환한다. 이른 아침, 남쪽에서 올라오는 태풍으로 공기는 습했지만 추사 고택은 새소리와 귀뚜라미 울음으로 꽉 차 있었다. 예부터 충남 가야산 주변 열 고

추사 고택 사랑채의 전경. 추사는 이곳에서 태어나 어린 시절을 보냈고 서울 통의동에 있는 집을 오가며 지냈다.

을을 내포(內浦)라 불렀는데 예산을 비롯해 서산, 당진, 홍성, 아산, 태안 등이 여기에 속한다. 오대산에서 출발한 차령산맥 줄기는 서해에서 주춤하다가 일부가 북쪽으로 방향을 틀어 마지막 용트림하며 치솟는데 그게 바로 가야산(678m)이다. 가야산 북쪽은 바다가 육지 안으로 휘어져 들어가 땅 깊숙이 물길이 들어오고 북동쪽에는 삽교천이 스며든 예당평야가 놓여 있다. 이렇듯 지세가 한쪽으로 치우쳐 큰 길목에 해당하지 않으니 임진왜란과 병자호란의 두 난리도 피할 수 있었다. 조선후기 지리학자 이중환은 내포 땅이 기름지고 소금과 물고기도 많아 부자가 많고 대를 이어 사는 사대부도 많다고 했다. 그의 말처럼 한양의 세도가들이 이곳에 농토와 집을 두고 근거지로 삼아 걸출한 인물이 많다. 예산 추사 고택은 영조의 둘째 딸 화순옹주(1720~1758)의 집으로 추사 김정희(1786~1856)의 증조모가 된다. 왕의 딸이 시집가 머문 궁집으로 서울의 경공장(京工匠, 한양에서 나라의 일을 했던 장인)이 내려와 집을 지었다.

추사 고택이 앉은 자리는 내포 땅의 성정을 그대로 드러낸다. 삽교천과 무한천 사이에 펼쳐지는 들판에 낮게 떠오른 동네 야산, 용산 자락에 살포시 놓인 집. 용산만 소유하면 사방의 들녘과 천을 지배할 수 있는 위치인 데다 한양에서 배 타고 오면 바로 도달할 정도로 서해와도 가까우니 내포 땅을 축소한 듯하다. 고택은 서쪽 용산을 등지고 동쪽을 향해 사랑채, 안채가 차례로 놓였고, 화순옹주 방과 남편인 김한신의 방은 양지바른 남쪽을 향해

추사 고택 안채의 전경. 육간대청 좌우로 오른쪽 건넌방이 화순옹주의 방으로 건너편보다 규모가 크다. 올곧게 다듬어진 기단과 주춧돌, 강단 있는 나무 기둥들, 단순한 세살문(가는 살을 가로세로로 좁게 댄 문)이 집을 우아하게 수놓는다.

있다. 개인 소유였던 집을 충청남도에서 매입 후 보수한 탓에 세월의 무게는 무뎌졌지만 화순옹주가 시집올 당시의 구성은 그대로다. 원래 사랑채와 안채 사이에는 담이 있었지만 훼손이 심해 복원하지 못했다. 'ㄱ'자 사랑채는 전면 툇마루로 공간이 연결되고, 큰 사랑방 바깥 아궁이 위에 눈썹지붕을 달아 비가 들이치지 않게 구성한 데서 경공장의 솜씨를 엿볼 수 있다. 사랑마당에는 그림자의 길이로 시간을 알 수 있는 일종의 해시계인, '석년(石年)'이라는 글자가 새겨진 입석이 있다. 안채를 들어서기 전 문간 왼편의 문이 달린 방은 화순옹주를 경호하는 청지기 방이다. 안채는 막힌 'ㅁ'자형으로 정면 3칸 측면 2칸의 육간대청(여섯 칸이 되는 큰 마루)이 중심이 되어 역시 툇마루가 좌우 방까지 연결된다. 오른쪽 툇마루에 연결된 건넌방(안사랑방)이 화순옹주의 방으로 건너편 안방보다 규모가 크다. 두 방은 부엌과 바로 연결되는데 대청의 비움과 방의 채움, 다시 부엌의 비움이 연속되는 한옥의 구성이 잘 보인다. 소박하게 사각 기둥을 썼지만 큼직하게 다듬어진 기단과 주춧돌 덕에 대청이 높아 보여 권위가 느껴지며 단아한 듯 올곧은 인상도 준다.

사당에서 사랑채로 이어지는 내리막길에 감나무, 모과나무, 매화가 계절의 정령 되어 일렬로 서 있다. 이제야 유실수들이 보이다니 숱하게 와도 처음인 양 생소한 것들이 눈에 띈다. 계절에 따라, 나이에 따라 달리 보이고 다른 것이 보이는 게 답사의 묘미다. 다시 사랑마당에 서니 공자를 떠올리게 하는 은행나무 두 그루가 그제야 보인다. 암수 한 쌍임을 눈치 챌 수 있다. 이 집의 첫 주인 화순옹주와 김한신(1720~1758)은 금슬이 좋았나 보다. 화순옹주는 남편 따라 예산에 내려와 살았는데 그가 세상을 떠나자 곡기를 끊고 가슴앓이를 하다 남편의 뒤를 따랐다. 영조는 자신의 뜻을 저버린 딸이 미워 정려(旌閭)를 끝내 내리지 않았다고 한다. 현재의 정려문(효자, 효부, 열녀, 충신을 기리기 위하여 지은 건물이나 문)은 조카인 정조가 하사한 것이다. 용산 산자락 아래로 추사의 묘, 추사 고택, 화순옹주 부부의 묘, 열녀문 등

사당에서 사랑채로 이어지는 내리막길에 감나무, 모과나무, 매화가 계절의 정령인 듯 일렬로 서 있다.

이 차례로 놓여 있다. 그녀의 뜻대로 부부는 합장묘에 잠들어 있다. 합장묘를 지나 정려문 앞에 서니 늘 닫혀 있던 문이 오늘은 열려 있다. 정려문이 달린 솟을대문과 행랑채도 많이 훼손되었는데, 1970년대에 보수를 통해 지금의 모습을 갖췄다. 원래는 나라에서 지어준 묘막이 있던 자리로 'ㄱ'자 건물과 'ㄴ'자 건물이 바싹 붙어 좁은 마당을 이룬다. 주초만으로도 추사 고택 못지않은 견고함과 단단함을 느낄 수 있다.

추사가 자주 오가던 산 놀이터로 발길을 옮긴다. 용산과 이어진 남쪽 오석산 자락에는 화암사가 소리 소문 없이 자리 잡고 있다. 이 두 산은 동네 산처럼 낮고 친근하지만 내포 땅의 위상과 추사의 성정이 담겨 있다. 추사

고택 일대는 김한신이 별사전(別賜田, 나라에서 특별히 내려 주던 논밭과 땅)으로 받은 땅으로, 추사는 오석산 화암사에서 불교와 인연을 이어왔다. 어려서부터 드나들던 쉼터이자 수양처였던 오석산 바위 곳곳에서 그의 마음을 무심결에 만날 수 있다. 화암사는 아무도 찾아오지 않는 오지처럼 뻐꾸기 소리만 요란하다. 이쪽에서 소리를 내면, 좀 지나 먼 곳에서 답을 하듯 소리가 돌아온다. 서로 양보하며 내는 소리들, 무슨 이야기를 나누는 것일까. 추사도 이 기막힌 합의 소리를 들으며 거닐었을 것이다. 곧이어 생각지도 못한 커다란 암벽이 병풍처럼 펼쳐지고 왼편에 예서체인 시경(詩境)이, 오른편에 해서체인 천축고선생댁(天竺古先生宅)이 선명하게 새겨져 있다. 천축은 인도를 뜻하고 고선생은 부처를 일컫는 말로 곧 절집을 뜻한다. 이 각자(刻字)는 추사의 스승 옹방강(1733~1818)의 집 대문 대련(종이나 판에 글을 써서 대문이나 기둥에 걸어 놓는 것)의 문구이다. 조선후기 소동파를 흠모하던 선비들의 문화를 대표하는 문구로 소동파와 석가모니를 동일시한 추사 김정희의 재치를 엿볼 수 있다. 병풍바위 뒤편 숲길에도 그의 암각문이 이어지는데, 오른쪽으로 가면 약 1.3km 거리에 추사 고택이 있고 암각문은 왼쪽으로 400m 정도 떨어져 있다.

한 사람만 걸을 수 있는 숲길에 소나무들이 우아한 품새로 강하게 나를 이끈다. 동네 산인데도 사람의 손때를 덜 타 숲의 연륜이 쌓여 있다. 하얀 나비 따라 시선을 옮기니 무리 지어 핀 꽃들이 땅에 바짝 붙어 몸을 낮추고

추사 고택 인근의 오석산 화암사는 추사가 어려서부터 드나들면서 불교와 인연을 이어온 곳이다. 사찰 뒷산 병풍바위에서 그가 새긴 글씨들을 만날 수 있다. 그중 천축고선생댁(天竺古先生宅)은 부처의 집, 즉 절을 뜻한다.

있다. 꽃과 풀들이 맘껏 자라고 나무들도 앞다퉈 숲을 채우니 자족한 자연의 기운이 가득해 걷는 맛이 좋다. 홀로 이 숲과 일일이 교감하며 집과 사찰을 넘나들었을 추사 따라 그의 은밀한 길을 걷고 있다. 이내 내리막길이 시작되면 불쑥 병풍바위들이 나타나고 일명 쉰질바위에 숨겨진 암각문 '소봉래(小蓬萊)'와 맞닥뜨린다. 스승 옹방강의 집 앞 석순(石筍, 석회질 물질이 바닥에 쌓여 원주형으로 자란 것)에 봉래(蓬萊)라 쓰인 것을 자신을 낮춰 소봉래라 새겨놓았다. 불로불사의 땅인 봉래산을 오석산으로 옮겨놓은 것이다. 선인(仙人)만 살 수 있는 신성한 산, 영산(靈山)을 가문의 산에 담아놓고 추사는 이 길을 오고가며 스승의 가르침을 되새겼다.

암각문 '소봉래'를 바라보자니 저 멀리 전라남도 해남 대둔사 대웅전 현판이 떠오른다. 현판은 동국진체를 완성한 원교 이광사(1705~1777)의 글씨인데, 추사는 이를 촌스럽다고 혹평했고 청나라의 거장 옹방강도 모르는 사람이라 비웃었다. 하지만 제주도 유배 생활을 끝내고 해남에 들러 다시 이광사의 글씨를 본 후 자신의 판단이 잘못됐음을 고백한다. 50대 중반에 시작된 9년의 유배 생활은 그를 단련시켰고 독특한 예술적 경지에 오르게 했다. 지위와 권력을 모두 잃었던 이 시기에 그의 대표작이 탄생하는데 바로 국보 제180호 세한도(歲寒圖)이다. '날이 차가워진 뒤에야 소나무와 잣나무의 푸름을 안다'는 뜻으로 초라한 집 한 채와 여러 고목이 그려져 있을 뿐 여백에는 한기가 가득하다.

문인 화가 김정희는 노론 명문가 출신으로 20대에 아버지를 따라 북경을 방문했고, 당대 석학인 옹방강과 완원(1764~1849)을 만나 고증학과 실학을 배운다. 이후 조선 최고의 학자로 인정받으며 탄탄대로를 걷는다. 유배 시절 친구와 아내를 잃고 정치적 박해를 받으며 오롯이 책에 의지하던 그에게 역관인 제자가 청나라에서 어렵게 구해준 책에 대한 답례로 그려준 그림이 세한도다. 자신의 처지를 오롯이 보여주면서도 처연한 의지도 담고 있다. 오석산 암각문은 김정희의 생애를 훑게 하는 첫 단추이자 세한도의 성숙한 예술가를 떠올리는 시작점이기도 하다.

천연기념물로 지정된 용궁리 백송은 300살이 넘었는데 추사가 중국에서 가져와 고조부 묘소 앞에 심은 것이다. 백송은 껍질이 담회색이다가 40년 정도 지나서 껍질 조각이 떨어진 후에 흰색으로 변한다고 한다. 하얀 몸통

①오석산의 또 다른 암각문 '소봉래(小蓬萊)'. 스승 옹방강의 집 앞 석순에 봉래(蓬萊)라 쓰인 것을 자신을 낮춰 소봉래라 새겨놓았다. ②추사는 중국에서 백송을 가져와 고조부 묘소 앞에 심었는데 지금은 300살이 넘었다.

남연군묘에는 정치가의 야망과 근대사의 서사가 묻혀 있다. 탁 트인 공간에 겹겹이 펼쳐진 산줄기가 길을 내주며 세상을 굽어본다.

에 가지를 뻗어 푸른 솔을 달고 있는 자태가 현실 같지 않다. 백송은 원래 세 가지로 자랐지만 한 가지만 남아 홀로 하늘로 비상했다. 우리나라에서 번식이 어려운 나무라 그 비상은 비장하기까지 하다. 그의 권력욕도 이처럼 비장했을까. 발길을 돌려 구한말, 우리 역사에 커다란 족적을 남긴 한 인물의 야망이 서린 곳으로 향했다. 대원군의 아버지, 남연군의 묘이다.

남연군묘를 등지고 풍경을 바라보면 한눈에 명당임을 알 수 있다. 문득, 창녕 관룡사 용선대의 부처가 떠올랐다. 석조 석가여래좌상(보물 제295호)이 관룡사 뒷산 용선대에서 세상을 내려다보며 불대좌에 앉아 있는데 마치 항해하는 배에 올라탄 듯 아스라이 산세가 펼쳐진다. 남연군묘도 탁 트인 공간에 겹겹이 펼쳐진 산줄기가 길을 내주는데 세상을 굽어보기 좋은 자리다. 왠지 부처가 앉을 자리 같다는 생각이 들 즈음, 주변을 둘러보니 가야사 발굴조사가 진행 중이었다. 묏자리 바로 옆이라 의아하던 참에, 남연군묘 자리가 원래 가야사의 금탑 자리임을 알게 되었다. 흥선대원군은 왕권 강화의 첫 물꼬로 아버지의 묘를 이전하는데 명당 자리로 고른 곳이 여기였다. 그는 가야사의 금탑을 부수고 사찰을 폐사시킨다. 묏자리에 정치가의 야망과 근대사의 서사가 묻혀 있다. 남연군묘는 독일 상인 오페르트(1832~?)에게 도굴되는 수모를 겪었고, 순종까지 2대에 걸쳐 왕을 냈지만 조선은 막을 내렸다. 묘 앞에 암반이 여럿 있는 것으로 보아 진짜 명당이 맞는지 의문이 들었다. 막 익기 시작한 논과 수확 채비를 하는 사과밭 너머로 나지막한 산들이 먼 풍경 되어 내포 땅을 감싼다. 물소리, 풀벌레소리, 가을바람 소리에 낯선 소리 하나가 불현듯 찾아왔다. 가을비다.

# 민족 자본,
# 은행을 세우다

◉ 윤봉길 의사 사적지, 예덕 상무사,
구 호서은행 본점

태풍이 올라온다는 일기예보에 부지런히 움직였는데도 결국 가을비와 맞닥뜨렸다. 톡톡거리는 비가 땅을 건드리면 땅 냄새, 풀 냄새가 올라온다. 습한 기운을 헤치고 어디선가 장작 타는 냄새가 밀려온다. 가을 소리에 열렸던 귀가 닫히고 이제는 코끝으로 가을을 느낀다. 예산군 덕산면에는 윤봉길 의사(1908~1932)의 생가가 있고, 지척에 그가 4세부터 중국 망명 전까지 살던 집 저한당(狙韓堂, 한국을 건져 내는 집이란 뜻)이 따로 있다. 1932년 4월, 천왕 생

예산에는 윤봉길 의사의 생가와 4세부터 중국 망명 전까지 살았던 저한당이 있다. 가을비에 저한당 돌담이 가을 색을 입었다.

일을 기념하는 상해 축제장에 도시락으로 위장된 폭탄을 던져 사령관을 폭사시킨 윤봉길은 그 자리에서 체포되어 12월에 총살형을 당한다. 1972년 사적지로 지정될 때까지 저한당에는 후손들이 살고 있었다. 지금은 널찍한 터에 초가집이 생뚱맞게 자리 잡고 있다. 가느다란 짚이 억겁으로 쌓인 초가 지붕이 묵직하게 집을 누른다. 낙엽 색과 겹쳐진 탓일까. 가지런히 쌓인 돌담이 비가 오니 가을 색을 입었다. 돌담 너머 초록빛 잔디는 선명한데 윤봉길 의사 생가만 가을 속으로 던져져 있다.

막히는 길 위, 자동차 안에 갇히는 게 일상이 되어버린 현대인에게 길은 가능하면 단축되고 생략되어야 좋은 존재가 되었다. 부산, 광주를 15분 언저리에 주파한다는 자기 부상 차량의 시대도 얼마 남지 않아 보인다. 목적지에 도달하기 위한 '걸음'은 고단함을 통해 얻는 마음 다짐으로 귀결되었지만, 지금은 그 마음이 점점 속도에 증발하고 잠식되어 가는 듯하다. 누구보다 삶의 희로애락을 길에서 단련 받았던 옛 사람, '장돌뱅이'. 두 개의 솜뭉치가 달린 패랭이를 쓰고 촉작대(지게 작대기)에 몸과 짐을 기대며 전국을 돌아다닌 그들은 생이 곧 길이나 마찬가지였다. 팔 물건을 지게에 지고 다니면 부상(負商), 보자기에 싸서 다니면 보상(褓商)으로 불리며 조선시대 상업 활동의 주체가 되어갔다. 부상은 고대부터 생겨나 가내 수공업으로 만든 생활용품을 팔았고, 보상은 조선후기에 나타나 값비싼 세공품 등을 다루었다. 부상과 보상이 보부상이란 조직으로 합쳐진 것은 19세기 후반부터이다.

부상이 길드(중세 유럽에서 상인들이 만든 동업자 조합) 조직으로 결성된 유래에는 조선 태조 이성계와 관련된 3가지 설이 전해진다. 모두 이성계가 부상 백달원에게 도움을 받아 그 답례로 상행위에 대한 권리를 보장해 주었다는 내용이다. 15세기 말 남부 지방부터 향시(鄕市)가 생겨나고 순조 때는 1천여 개로 늘어나면서 보부상은 생산자와 소비자를 잇는 조선시대 중요한 유통망이 된다. 1883년 조선 조정이 혜상공국을 세우고 부상과 보상을 하나로 통합했다가 1895년에 해체했다. 보부상은 자체적으로 1899년 상무사(商務社)를 조직하는데 예산의 보부상 조직은 일제강점기 초기까지 유지된다. 하지만 일본의 말살 정책과 근대 교통의 발달로 더 이상 성장하지 못하고 해방 후 부여 일대의 저산팔구(苧産八區, 모시를 생산하는 8개의 고장)와 예산·덕산의 예덕 상무사가 조합으로 명맥을 유지한다. 이들 유품은 고령 상무사, 창녕 상무사와 함께 국가민속문화재 제30호로 지정되어 있다. 덕산의 부상들은 윤봉길 의사 사적지가 있는 덕산 목바리에서 쉬어가곤 했다. 인근에 예덕 상무사의 위패와 유물을 보관했던 기념관이 있었지만 지금은 예산 보부상박물관으로 유물들이 옮겨졌다.

영국인 헨리 새비지-랜도어(Henry Savage-Landor, 1865~1924)가 1895년 집필한 기행문 「고요한 아침의 나라, 조선」에 보부상에 대한 내용이 기록되어 있다. 보부상은 동업조합으로 이뤄져 결속력과 관리 체계가 뛰어났고 수천 명 회원의 가입으로 우편망이 구축되어 있어 지방 간 상교역을 관장하고

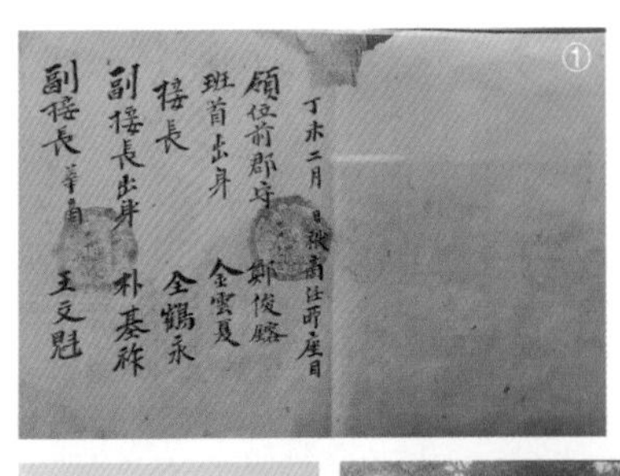

丁未二月 日 禮山任所座目
領位前郡守 鄭俊鎔
班首出身 金雲夏
接長 全鶴永
副接長出身 朴基祚
副接長 華邑 王文魁

①'예덕 상무사'의 유품은 국가민속문화재 제30-2호로 인장 6개, 인궤 1개, 청사초롱 2개, 공문 16점 등이 있다. 그중 하나인 보상 임소좌목은 예산 지역 보상의 명단이다. ②보부상의 시조 백달원의 위패(모조) ③④ 조선 후기 부상의 모습 (사진 출처: 예산보부상박물관)

있었다(예산보부상박물관 자료에서 발췌). 실제로 보부상 조합은 각 수도에 중앙조직을 두어 조합원을 관리하고 나라에 세금을 냈으며 자체 규율을 만들었다. 자체 윤리관을 세웠고 경조사를 통한 연대 등을 강조했다. 병든 자를 치료하고 죽은 자는 장사 지낼 것, 어려움에 처하면 십시일반 도울 것, 시장에서 강매나 술주정이나 불의한 일을 하지 말 것 등을 내세웠고 이를 어기면 내부 규율에 따라 벌을 내리거나 벌금을 징수했다.

떠돌아다니는 그들에겐 결속이 절실했다. 몸을 갈며 뛰었던 노력으로 정부의 보호를 얻어냈고 전쟁이 나면 군량 운반 등으로 위기 때마다 역할을 했다. 하지만 동학농민운동 때는 관군을 돕기도 했다. 전국으로 걷고 뛰었던 보부상들은 사람을 잇는 이야기꾼이자 문화를 알리는 전달자였다. 러시아 학자 바츨라프 세로셰프스키(Vatslav Seroshevskii, 1858~1945)는 견문록 『코레야 1903년 가을』에서 보부상을 양심적이고 엄정한 상인이자 의리 있는 동료라 평가한다. 옛 사람들의 삶도 생존 앞에 서 있는 인생이었음을, 길에서 시간을 버렸다고 불평하며 담배 한 모금을 무는 현대인에게도 길은 결국 생존에 대한 몸부림을 부추기는 것임을, 그래서 현재를 살며 삶을 배우고 익히는 같은 운명임을 또 알아간다.

예산뿐 아니라 공주, 부여, 나주, 상주 등 전통적 대도시들은 철도가 비껴가면서 한갓진 도시로 바뀌게 된다. 현대 도시의 흥망성쇠는 일본의 철도 산업과 무관하지 않다. 우리 땅에 순응하며 전통적으로 중심이 되었던 큰 고을들은 세월 앞에 무색해졌다. 그래도 고단한 삶을 따르며 자신을 추스른 덕에 불쑥 연륜을 내밀며 인고의 향을 풍기곤 한다. 예산에는 1913년 지역 유지들에 의해 건립된 순수 민족 자본계 지방은행인 구 호서은행(충청남도 기념물 제66호)이 남아 있다. 호서은행은 일본의 금융 탄압 속에서도 민족 자본을 형성하는 데 큰 역할을 했다. 비록 1930년 한일은행에 병합되어 17년 만에 폐점되지만 아직까지도 그 품새만은 당당하고 건재하다. 당시 한옥 건물을 본점으로 사용하다 1922년 지금의 2층 서양식 건물을 새로 지었는데 입구 정면을 강조했고 1, 2층의 창문을 연결해 건물이 높아 보이는 효과를 연출했다. 민족 자본의 자부심을 건축 방식을 빌어 대범하게 표현했음을 알 수 있다. 내부는 현대식으로 개조되었지만 여전히 제 구실을 하며 예산 땅에 단단히 닻을 내리고 서 있다. 내포 땅에는 국난에서 빛을 냈던 사람들이 많다. 내포 땅 속 잠재해 있던 기운은 윤봉길, 한용운, 김좌진, 유관순열사, 최영장군, 맹사성, 성산문, 이순신 등을 키워냈다. 외유내강 하면서도 행동할 때는 '깡'으로 타오르는 인물들. 풍요로운 땅은 민족 자본을 키웠고 보부상의 결속을 다졌으며 올곧은 신념들을 걷어들였다. 내포사람들이 '충청도 중의 충청도'라며 동향 의식을 갖는 것은 세월의 깊이만큼 뿌리 내린 '곧은 깡' 때문일지도 모른다.

구 호서은행은 1913년 순수 민족 자본으로 설립된 최초의 지방은행이다. 당시 한옥 건물을 본점으로 사용하다 1922년 지금의 2층 서양식 건물로 개축했다.

# 우리나라
# 고건축의 기준

◉ 수덕사 대웅전

세월이 흐르면 사찰도 건물을 허물고 산의 살을 도려내서 증축을 한다. 덕분에 몇백 년을 유지하던 배치는 희미해지고 덩그러니 휑한 마당이 드러나기도 한다. 수덕사 일주문을 지나면 화강석으로 다져진 길 따라 현대에 지어진 황하루에 다다른다. 중창 불사로 증축된 건물들은 언제 봐도 낯설고 생뚱맞다. 아쉬운 마음을 비집고 9월

수덕사 대웅전은 우리나라 고건축의 기준이 되는 건물로 안동 봉정사 극락전과 영주 부석사 무량수전과 함께 가장 오래된 3대 목조 건축 중 하나이다.

에만 볼 수 있는 꽃무릇 무리가 들어온다. 잎과 꽃이 만날 수 없어 서로를 그리워한다는 뜻의 '상사화'로 알려져 있는 꽃무릇은 9~10월이 되면 땅속 줄기(알뿌리)에서 30~50cm의 꽃줄기가 자라 여러 송이의 방사형 꽃을 피운다. 꽃술이 꽃잎보다 긴데도 열매를 맺지 못한 채 떨어지고 다시 녹색 잎이 나와 다음해 봄에 시든다. 한 몸에서 피고 지지만 서로 만날 수 없는 숙명이 추운 겨울도 이겨내는 그리움을 만드나 보다. 이렇게 잊지 않고 수덕사를 찾는 이유는, 늘 감동을 주는 건물 때문이다. 1308년에 건립된 수덕사 대웅전(국보 제49호)은 안동 봉정사 극락전, 영주 부석사 무량수전과 함께 가장 오래된 3대 목조 건축 중 하나이다. 세 건물 모두 고려시대의 산물이다. 덕숭산 깊숙이 자리 잡아 예산의 평야를 바라보는 수덕사는 백제 말에 창건되어 19세기에는 남연군 묏자리에 있던 가야사보다 사세가 작았다. 지금은 해인사, 통도사, 송광사 등과 함께 우리나라 불교계 총림(叢林, 스님들이 수행하는 선원, 경전을 배우는 강원, 계율을 교육하는 율원을 모두 갖춘 사찰) 중 하나로 조계종 제7교구 본사이기도 하다.

수덕사 대웅전을 만날 때면 올곧은 성정을 드러내는 민낯에 먼저 눈인사를 건네고는 늘 옆모습을 대면하러 계단을 오른다. 지붕을 받치기 위한 부재들이 오롯이 드러나는데 대웅전 측면을 볼 때마다 '기능이 곧 아름다움'이라는 장인 정신을 실감한다. 멀리서 바라보면 정교하게 가공된 크고 작은 부재들이 서로를 의지해 단단한 구조를 이루고 육안으로도 보기 편한 구도를 완성한다. 포대공(보 위에서 용마루에 놓이는 종도리를 받치는 부재), 'ㅅ'자 소슬합장(대공 좌우 'ㅅ'자 모양의 경사진 부재로 고려 목조 건축의 특징 중 하나)과 우미량(위아래 도리를 연결하는 소꼬리 형태의 곡선 부재), 대들보 등 부재 하나하나가 정성스러워 눈을 뗄 수가 없다. 대들보는 단순 원형이 아니라, 기둥과 만나는 부분을 둥글게 가공해 단면이 줄어들고 보에 올라온 동자주(대들보나 중보 위에 올라가는 짧은 기둥)와 살미(보 방향의 공포 부재)들은 꽃이 되어 부재 사이를 떠다닌다. 우미량과 소슬합장의 곡선은 우아한 처마 선을 만개하게 한다. 이 모든 것이 모여 완숙한 기능을 갖춘 예술품을 이뤘다.

대웅전은 다듬어진 돌 기단위에 빗살문을 달고 남향을 향해 앉아 맞배지붕(건물의 앞뒷면만 지붕 면이 보이는 지붕으로 옆에서 보면 'ㅅ'자 모양)을 이고 있다. 정면 3칸 측면 4칸 규모로 정면 칸이 넓은 것은 평야가 많은 지역

수덕사 대웅전의 측면 상부. 크든 작든 서로를 의지하며 세련되고 단단한 구조를 이루고 육안으로도 보기 편한 구도를 완성한다. 지붕을 받치기 위한 부재들임에도 그 구성의 아름다움에 눈을 뗄 수가 없다.

의 건축적 특징이기도 하다. 지붕을 받치는 형식은 주심포(柱心包, 지붕의 하중을 기둥에 전달하는 공포가 기둥에만 놓인 구조. 기둥 사이에도 공포가 있는 경우 다포식이라 부른다) 방식이다. 고려시대 주심포식 주불전(대웅전)은 미묘한 곡선 처리 등 지붕틀을 짜는 부재들이 섬세해, 우아하면서 화려한 면모를 갖는다. 이는 불상을 모시는 공간의 존엄을 외부에 드러내기 위한 것으로 그 당시 주불전은 특별한 의식이 있을 때만 개방했을 뿐 일반인들은 실내에서 예불을 행하지 않았다. 불상을 모시는 기능이 중요했기 때문이다.

수덕사 대웅전 역시 세밀하게 계획해 건물을 세웠는데 내부에서 배흘림 기둥을 정확하게 확인할 수 있다. 고대 그리스나 로마의 신전 기둥에도 나타나는 배흘림은 기둥 아랫부분 3분의 1 지점부터 직경이 줄어들면서 우아한 곡선을 만든다. 육중한 지붕이 기둥을 짓누르는 듯한 착시현상을 고려한 것으로, 고려시대에 유행하다가 조선시대에는 약해진다. 내부 기둥은 풍만한 배흘림을 잘 유지하는데 외부 기둥은 세월을 온몸으로 받아들인 궤적들로 넘쳐난다. 햇볕에 그을려 탄 살은 시간을 못 이겨 근육처럼 변했는데 그 모습이 불에 타오르는 형상 같기도 하고, 날아오르려는 새의 깃털 같기도 하다. 옹이 부분은 태풍의 눈처럼 소용돌이가 펼쳐진다. 걷잡을 수 없이 커진 틈은 시멘트로 메워 거침없는 세월을 응급 처치했다. 모두 하염없고 더딘 세월을 견뎌내는 상처들이다. 불에 타기 쉬운 목조 건축임에도 고려와 조선을 건너 일제강점기까지 지나고 지금껏 버텨준 대웅전이 세한도의 소나무 같

①세월을 온몸으로 받아들인 외부 기둥 ②풍만한 배흘림을 유지하고 있는 수덕사 대웅전 내부 기둥

다. 화려한 단청 건물들 사이에서 홀로 민낯으로 빛나는 대웅전 하나만으로도 예산에 올 이유는 충분하다.

대웅전 기단은 세월의 그을음에 빛바랬지만 외유내강의 기운은 더 강해졌다. 아무런 무늬 새김 없는 장대석이지만 시간의 무게를 견디는 존재들이다. 돌들은 대웅전의 장대석으로, 사리를 봉안하는 탑으로, 왕의 무덤을 지

동양화가였던 이응노 화백은 일본 유학 후 추상미술에 눈뜨는데 1960년대에 한글을 이용한 문자추상에 몰두한다. 수덕사 초입의 수덕여관에는 그의 문자추상 암각화가 여럿 남아 있다.

키는 석물로, 또는 누군가의 기록으로 환생한다. 자연 암반에 조각되고 기록된 흔적은 더 이상 그저 그런 돌이 아니다. 찾아야 가치를 드러내는 그것들은 인간의 상념을 담는다. 김정희의 암각화를 자연 속에서 늘 조우할 수 있는 것처럼 수덕사에도 현대 추상 작가의 작품이 있다.

고암 이응노(1905~1992) 화백은 우리나라 현대미술을 개척한 사람 중 하나로 평가받는다. 원래 동양화가였던 그는 일본 유학 후 추상미술에 눈을 뜨는데 1960년대에 한글을 이용한 문자추상에 몰두한다. 수덕사 금강문에 조금 못 미쳐 초가지붕을 얹은 수덕여관이 있는데, 여기에 그의 문자추상 암각화가 여럿 남아 있다. 이응노 화백은 넓적한 바위에 한글 자모들을 풀어헤치고 서로 엉켜놓으며 문자추상을 완성했다. 그 자모들은 얼핏 사람 같아 보

①②광활한 땅을 인간의 시선까지 끌어올린 이응노의 집. 거대한 흙벽은 자신의 물성을 당당히 드러내며 용봉산과 대치하듯 우뚝 솟아 있다.

이는데 그는 이런 추상 작업을 꾸준히 해나간다. 그가 수덕사에 작품을 남긴 것은 동백림 사건 후 전 부인이 운영하던 수덕여관에서 요양했기 때문이다. 동백림 사건은 1967년 당시 정권이 유럽에 있던 문화예술인을 북한 공작원으로 몰았던 사건으로 이응노, 윤이상 등이 연루되어 고초를 겪었다.

수덕사 지척에는 이응노 화백이 태어나고 유년 시절을 보냈던 생가와 기념관인 '이응노의 집'이 있다. 이응노의 집은 건물 외벽을 흙으로 만들어 광활한 땅을 인간의 시선까지 끌어올렸다. 덕분에 흙의 물성이 지상까지 올라오는데 단단한 벽이 되기 위해 미세한 흙들이 얼마나 다져져 있는지 그 층위를 고스란히 볼 수 있다. 기념관을 설계한 건축가 조성룡은 긴 홀에 4개의 전시실을 이었고 그 사이사이를 햇빛과 풍경이 드나들도록 틈을 두었다. 다소 어두운 전시실들을 긴 홀이 연결하는데 그는 그 홀을 근현대사의 질곡 위에 난 길로, 또는 굴절된 삶을 살았던 이응노를 만나는 길로 설명했다. 이응노 기념관은 어떤 치장 없이, 겉은 흙의 부드러운 질감으로 속은 콘크리트의 차가움으로 긴장을 일으키며 각자의 물성을 드러낸다. 잠시 조용히 쉬어갈 수 있는 자리, 북카페로 들어갔다. 바깥 풍경을 바라보니 작지만 묵직하게 내려앉은 용봉산이 기념관과 대치하듯 나를 응시한다. 기념관 한 켠에는 커다란 연못이 있어 여름이면 연꽃이 만발한다. 그날, 연잎차가 그리 풍부한 맛을 내는지 처음 알았다. 꽃향기, 녹차향, 구수함이 감도는 차 한 모금에 흙의 냄새가 난다. 땅의 기운이 만든 역사가, 인물의 서사가, 연잎차 한 모금에 모두 담겨 있다.

# 순수하고 따뜻한 흙건축의 매력

캐나다 인카밉 사막문화센터(NK'mip Desert cultural Center)의 벽은 각 인디언 영역에서 채취한 흙을 다져 만들었다. 퇴적된 흙은 인디언의 땅을 층위로 모았고 흙이라는 공통분모에 그들의 궤적이  차곡이 쌓여 조형예술로 태어났다.

인카밉 사막문화센터처럼 이응노의 집도 흙다짐 공법(판축 공법)이 사용되었다. 거푸집 안에 콘크리트 대신 흙을 넣고 다져서 단단하게 만드는 방식이다. 사각형 틀에 시루떡처럼 층층이 다지는 방식으로 큰 자갈, 작은 자갈, 모래, 점토 등이 적절한 비율로 섞여 거푸집 앞에서 서서히 다져가며 강도를 만든다. 얇은 모래층을 여러 번 다지면 그냥 모래 덩어리보다 6배 정도 더 견고해지는데, 다짐층이 얇을수록 응력(외력에 의한 재료의 저항력)은 강해진다. 흙 자체가 서로 다른 입자의 골재들로 채워진 응결체(concretion)라 할 수 있다. 완전히 마른 것처럼 보이지만 흙에는 수분이 존재하며 이 수분 때문에 서로 다른 입자의 흙이 결합할 수 있다.

흙다짐 공법으로 만들어진 캐나다 인카믹 사막문화센터 (사진출처: archidaily)

퇴적된 흙벽은 시간이 쌓이는 개념을 포괄하는 예술품이 되기도 한다. 건축의 외벽으로 사용함으로써 재료의 순수성과 따스함을 구현해낼 수 있다. 건축가 고 정기용은 흙건축 전문가였던 고 신근식과 함께 영월 구인헌, 춘천 자두나무집, 김해 고 노무현 대통령의 집 등에 흙다짐 공법을 사용해 흙건축을 실험해 나갔다. 흙건축 기술은 다짐으로 만드는 판축 공법 외에 나무로 골조를 만들고 흙과 짚을 섞어 바르는 심벽 구조 방식과 흙을 벽돌로 가공해 만드는 벽돌 방식이 있다. 중국 푸젠성 난징현에 있는 전라갱토루군은 흙다짐 공법을 사용해 4층 높이의 공동주택을 세웠고 2008년 세계문화유산에 등재되었다. 16세기에 세워진 마천루의 도시, 예멘의 시밤은 흙을 사용한 심벽 구조로 5~9층 높이까지 건물들을 세워 '사막의 맨해튼'이라 불린다. 시밤도 1982년 유네스코 세계문화유산으로 지정되었다.

불과 50년 전만 해도 황토 집에서 살았고 아직도 지구촌 인구의 50% 이상이 흙으로 만든 집에서 살 정도로 흙은 인류가 가장 오랫동안 사용한 건축 재료이다. 비록 지금은 강도가 콘크리트에 비해 1/3 정도 수준이지만 기술 개발을 통해 그 가치가 증명될 것으로 보인다. 무엇보다 어디든 존재하는 보편성과 조달의 편리함을 갖는다. 시멘트는 생산부터 소멸까지 이산화탄소를 발생시키는 등 여러 환경 문제를 야기하지만 흙은 친환경 재료로 지속가능한 건축을 위한 좋은 단초가 된다.

고 신근식은 기고문을 통해 다음과 같이 흙건축의 가능성을 언급한다.

'흙은 문명과 함께 주거의 재료로 존재해왔고 무한한 잠재력을 갖고 있음에도 철과 콘크리트만 진보와 발전의 대명사로 취급되었다. 체계적이고 과학적인 연구와 기술 개발이 이뤄진다면 흙은 다시 그 역할을 충분해 해낼 것이다. 흙은 더 이상 가능성으로 존재하지 않는다. 이미 실재하고 있고 우리의 손길과 관심을 기다리고 있다.'

흙은 묵묵히 자신의 소임을 인류 역사와 함께 해왔다. 오랜 시간을 다질수록 더 강해져 인내가 필요하지만 식물을 생장시키는 재료이니 인간의 정신도 키울 것이다. 흙건축은 건축과 집에 대한 본질적 질문을 던진다. 그것은 생에 대한 질문이자 인간에 대한 근본적인 질문이 될 수도 있다.

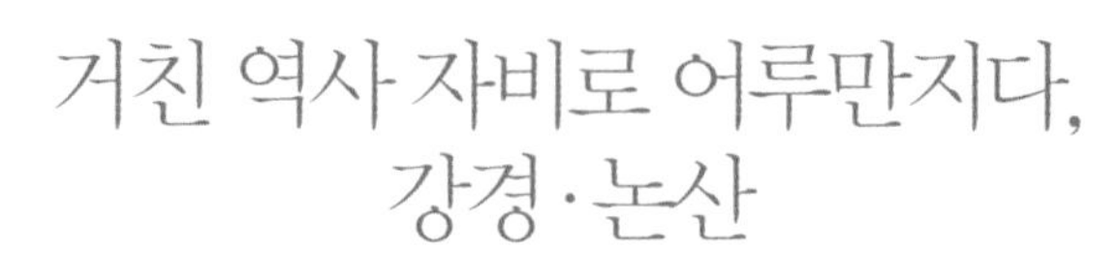

# 거친 역사 자비로 어루만지다,
# 강경·논산

가까이 다가가도 그 깊이를 가늠할 수 없는 우물처럼 강경과 논산은 여러 켜의 역사가 심연 속에서 꿈틀대고 있다. 아픈 역사는 혹독한 추위를 견디고 다시 일상에 드리워지는 성숙한 꽃과 같다. 그 꽃을 정성스럽게 가꾸는 것은 우리의 몫이다.

강경 옥녀봉 해조문 위에서 바라본 금강과 논산천이 만나는 풍경. 때때로 풍경 자체가 역사일 때가 있다.

① 강경 중앙초등학교 강당
강경읍 옥녀봉로 8

② 강경읍 근대거리 관광안내소
강경읍 옥녀봉로 38-1

③ 연수당 한약방
강경읍 옥녀봉로24번길 14

④ 구 한일은행 강경지점
강경읍 계백로 167번길 50

⑤ 강경성당
강경읍 옥녀봉로27번길 13-3

⑥ 구 강경 성결교회 예배당
강경읍 옥녀봉로73번길 8

⑦ 강경 미곡 창고
강경읍 계백로 140번길 14

⑧ 구 강경 세무서장 관사
강경읍 황산2길 13

⑨ 구 식산은행 강경지점
강경읍 옥녀봉로 75-17

⑩ 구 강경 노동조합
강경읍 옥녀봉로27번길 30-5

⑪ 구 강경공립상업학교 관사
강경읍 계백로 220

⑫ 강경 미내다리
논산시 채운면 삼거리 541

⑬ 돈암서원
논산시 연산면 임3길 24-4

⑭ 노강서원
논산시 광석면 오강길 56-5

⑮ 명재윤증고택
논산시 노성면 노성산성길 50

⑯ 견훤묘
논산시 연무읍 금곡리 산 18-3

⑰ 계백장군묘
논산시 부적면 신풍리 산 4-1

⑱ 은진 미륵
논산시 관촉로1번길 25

⑲ 논산 쌍계사
논산시 양촌면 중산길 192

# 근대가 휘젓고 간 길

◉ 강경읍 근대거리

소박한 우리 강들은 일제강점기 덕에 유난히 슬픈 사연을 싣고 다닌다. 그 강 따라 수탈이 시작되었고 그 강 따라 새로운 도시가 생겨나 철도와 도로 건설을 위한 물자가 떠다녔다. 해방 후 일본인이 빠져나간 도심은 긍정 받지 못한 채 무관심에 매몰되어 슬럼화가 진행되기도 했다. 금강 상류에는 강경이라는 작은 읍 마을이 있다. 지금은 젓갈축제로 반짝 스타처럼 매스컴에 등장하지만 18세기에는 함경남도 원산과 함께 2대 포구로 유명했다. 전성기 때는 100여 척의 배가 드나들었고 금강 유역의 농산물과 서해의 해산물을 유통한 덕에 충청도와 전라도 내륙을 연결하는 중부 지역의 중심지였다. 덕분에 강경장은 대구, 평양과 함께 조선 후기 3대 시장으로 위세를 떨쳤다. 강경읍은 금강 수운로의 내륙 종착지로 제주의 생산물, 중국의 무역물품, 수입품도 들어온다. 철도가 발전하기 전까지 한반도에서 수운로는 마을이 성장하는 핵심 요소였다. 군산 강경 간 금강 수로와 철도는 변방의 두 도시를 번성하게 했다.

남산 아래 명동과 충무로가 일본인들의 주 주거지가 된 것처럼 강경읍의 홍교리와 중앙리도 강경의 본정통(本町通, 일제강점기 시절 충무로의 지명, 보통 일본인들이 만든 번화가를 뜻함)이 된다. 이곳에 관청, 금융, 학교 등 근대 건축물들이 새롭게 들어섰고 잡화점, 미곡상, 자재상, 양품점 등 생활과 관련한 점

강경의 본정통이었던 중앙리에서 만나는 근대의 흔적들 ①1937년에 준공한 강경중앙초등학교 강당 ②대성상점의 간판이 보이는 2층 건물. 1층에는 화신농약사가 있었지만 재정비로 사라졌다. ③강경의 건물들은 일제강점기 시절 뼈대를 갖고 있는데 겹처마도 당시의 흔적이다. 홍교리의 겹처마 건물들 ④현재 중앙리 관광안내소는 일제강점기 시절 백화점이었던 건물(옥녀봉로 38-1)이다.

포 등도 다양했다. 주로 소매 및 도매상인 일본인의 점포 겸용 주거들이 많았는데 지금도 강경 도시 공간의 근간을 이룬다. 서청리 염청리 일대는 대형 창고를 가진 일본인과 수산물만 거래하는 한국인들이 거주했고 현재도 젓갈시장 거리로 큼직큼직한 점포들이 즐비하다. 비록 목련처럼 성급히 졌지만 강경은 화려하게 만개한 시절을 나지막이 품고 있다. 강경읍을 걷다 보면 유난히 십자가가 많이 보인다. 장로교회, 침례교회, 성당 등 기독교의 뿌리도 다양하다. 어눌한 건물들에서 낯선 모양, 일본풍이 새어 나온다. 그저 그런 시골 같아도 갖은 사연이 무관심 속에서도 새순되어 꿈틀댄다. 갈 곳 잃어 떠돌던 옛 기억을 더듬으며 십 년 만에 강경을 다시 찾았다.

중앙리에 들어서자 새소리가 마을을 가득 채운다. 봄 햇살의 따스함이 야무진 새소리를 타고 가슴으로 파고든다. 말수 적은 마을에 저 멀리 강경중앙초등학교 강당(국가등록문화재 제60호)에서 아이들의 힘찬 웃음소리가 새어나왔다. 강당은 1937년에 지은 강경 최초의 근대식 교육기관으로 중앙초등학교의 연륜이 배어 있다. 그 길 위로 2층 벽돌 건물을 만나는데 1930년대 중국인 기술자들이 지은 남선산업주식회사 건물이다. 잡화를 생산했던 회사로 헐리지 않고 재생되어 생을 이어가고 있다. 그리고 이내 범상치 않은 3층 건물이 시야에 들어오는데 원래 백화점이었던 건물로 지금은 강경 근대거리 관광안내소로 사용 중이다. 중앙리에는 일제강점기 시절 백화점, 병원, 전기회사 등 당시 번화가의 흔적을 간직한 2~3층짜리 건물들이 자주 보인다. 강경 사람들은 그 건물들에서 점포로 생계를 이어갔고 여러 세대가 피고 진 후 원래 모습으로 다시 돌아오기도 했다.

하지만 거리에는 왠지 모를 헛헛함이 맴돈다. 원래 모습을 찾는다는 취지로, 주민들의 공간을 사들여 건물을 헐거나 복원하는 정비 방식이 최선인지 숱한 의문이 범벅되기 시작했다. 생업을 이어가며 일상을 살던 주민들은 어디로 사라졌을까. 인공의 손길은 시간의 묵직함을 가벼이 날려버렸다. 인근의 강경근대역사관 주변은 새 건물들이 여러 채 들어섰다. 강경근대역사관(국가등록문화재 324호) 건물은 1905년 한호농공은행으로 설립되었고, 일제강점기 이후 한일은행 강경지점으로 바뀌어 현재 위치로 1913년 신축 이

강경의 본정통이었던 중앙리의 1920년대 모습. 왼쪽으로 일본식 건물이, 오른쪽 뒤편으로 초가와 기와를 얹은 건물이 보인다.

전했다. 해방 이후 충청은행, 중앙독서실, 젓갈창고 등으로 사용되다 논산시에서 매입하여 2012년부터는 역사관으로 사용되고 있다. 강경근대역사관 주변의 큼직한 새 건물들은 '강경구락부'라는 이름을 달고 레스토랑으로 운영될 계획이다. 중앙리 일대는 몸에 맞지 않은 새 건물들이 혼재되어 생채기 중이다. 북적거리며 활기찼던 황산리 주변과 달리 중앙리에는 강경사람들이 잘 보이지 않는다. 언제 올지 모를 관광객을 기다리며 평일에는 거리가 굳어 있다. 말수가 적다고 느꼈던 것은 어쩌면 생업이 멈춘 탓이었을지도 모른다.

그래도 중앙리의 옥녀봉로를 비끼면 그 옆 골목과 샛길들에 100년의 일상이 녹아 있다. 겹처마를 얹은 일본식 흔적들, 일본식 점포주택을 개조한 현대식 건물들, 80년대 양옥 등 모두 세월의 연속성을 엮는 강경의 분신들이다. 어수선한 마음을 추스르고 강경시장의 옛 호황을 간직한 건물, 연수당 한약방으로 향했다. 1920년대 촬영된 강경시장 사진에는 남대문 밖에서 가장 큰 약방으로 언급될 정도로 위세가 대단했던 남일당이 보인다. 비록 남일당은 1933년 화재로 소실되지만, 이후에도 강경시장(하시장)의 한약방은 전국에서 유명세가 대단했나 보다. 1934년 조선중앙일보에서 '한약계의 3웅'이라는 타이틀로 강경 특집을 다루는데 동일당, 수성당, 연수당이 언급된다. 이 중 1923년에 신축한 연수당 한약방(국가등록문화재 제10호)이 옛 강경시장 터줏대감으로 남아 있다. 강경시장은 한국전쟁 이후 다시 장이 서지

1920년대 강경시장(하시장)의 모습. 왼쪽 2층 건물이 남일당 한약방으로 남대문 밖에서 가장 큰 약방으로 언급될 정도로 위세가 대단했다. 현 연수당 한약방 자리는 시장을 사이에 두고 남일당과 마주보고 있다.

않았지만 연수당 한약방은 1971년 약사법이 개정될 때까지 운영을 유지했다. 이후 2010년 강경읍 도로 정비로 13평 규모의 목조건물을 내주고 엄한 아스팔트 도로에 바짝 붙어 현재의 건물로만 남았다.

현재의 연수당 한약방은 본채 건물과 후면 부속채가 직교하면서 'ㄱ'자형을 이루지만 본채 건물은 1923년에, 부속채는 1956년에 지은 것으로 증축되어 완성된 것이다. 부속채를 증축할 때 그 사이에 계단을 두고 벽면으로 연결해 바깥에서는 하나의 건물로 인식된다. 이 두 건물은 지붕도 각각 우진각지붕과 팔작지붕을 얹었다. 본 건물은 정면 3.5칸 측면 2칸의 장방형

형태로 1층 전면에 약 1m 정도의 퇴칸(退間, 건물 외부에 딴 기둥을 세워 만든 폭이 좁은 칸으로 마루를 놓아 툇마루를 만들기도 한다)을 두고 그 공간에 쪽마루(기둥 없이 덧단 좁은 마루)를 설치해 상행위가 이뤄지도록 했는데 기능에 따라 변화하는 근대 한옥의 특이점을 잘 보여준다. 이 전면 중앙 2칸에 미서기문을 달았고 그 앞으로 셔터 역할을 하는 빈지문(가게 앞쪽에 대는 널문)을 두어 영업이 없을 때는 달아두었다. 연수당 한약방은 한일 절충 목조 구조로 1층의 차양시설, 수평의 처마선 등 일본 입면 방식이 두루 보인다. 현재 연수당의 주인은 시를 쓰는 문인이다. 실 거주는 하지 않지만 종종 방문

연수당 한약방의 본채는 1923년에 지은 건물로 강경시장 중심에서 호황을 누렸다. 1층 전면 중앙 2칸에 빈지문을 달아두었는데 그 안에는 미서기문(밀어서 여닫는 문. 문을 열면 다른 문이 겹쳐진다)이 있다. 약방 앞 도로 및 주변은 18세기부터 들어섰던 강경시장(하시장) 일대였다.

하며 후일 이곳에서 노년을 보낼 계획이라고 한다. 50년 동안 제 소임을 다해 묵묵히 외길 인생을 살면서 찬란했던 강경을 비추던 연수당 약방에 일상의 숨결이 다시 풀어지기를 바라본다.

소소한 걸음으로 강경 속 근대를 짚어가며 염천리 태평리의 젓갈거리를 빠져나오니 저 멀리 첨탑이 보인다. 마치 순백색 저고리를 걸친 듯 강경성당(국가등록문화재 제650호)은 미세먼지 가득한 뿌연 하늘 아래에서도 홀로 선명하다. 관리하시는 분께 양해를 구하자 문을 열어 주셨다. 옷매무새를 다잡으며 조용히 의자에 앉았다. 성당은 커다란 뱃머리가 되어 신앙의 배로 오른 인간을 품는다. 나의 기도는 마침내 신의 품에 주저앉아 쏟아내는 힘 풀린 푸념이다. 그 하소연이라도 좋으니 늘 기도하며 깨어 있으라는 신의 당부가 공간을 가득 채운다. 그동안 잊고 살았던 본연의 생, 삶의 순례자로서의 나를 오롯이 들여다본다. 공기마저 자비로운 공간에서 티끌 같은 인간을 굽어살펴 달라며 잠시 쓰라린 심연을 내려놓는다.

강경성당은 1961년 건축에 조예가 깊은 파리 외방전교회 소속 에밀 보드뱅(Emile Beaudevin, 1897~1976) 신부가 설계하고 감독했다. 그는 아치(arch) 형식을 빌려 신을 맞는 공간을 잘 빚어냈다. 평야와 서해를 낀 포구는 서양 종교의 활동적인 유입도 가져왔다. 이 작은 읍 마을 역시 충남 서남부 기독교 문화를 다양하게 받아들였고 그 활동성도 대단했다. 옥녀봉에 있던

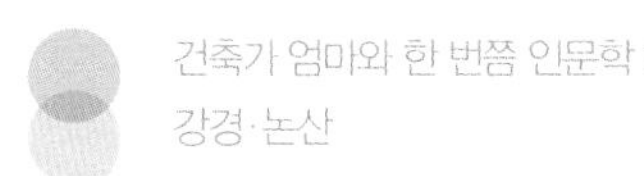

강경 성당은 커다란 뱃머리가 되어 신앙의 배로 오른 인간을 품는다. 건축에 조예가 깊었던 에밀 보드뱅 신부는 아치 형식을 빌려 신을 앙망하는 마음을 잘 빚어냈다.

침례교회의 최초 예배지(북옥리 137번지 외)는 1940년대 일본의 신사 자리로 강탈되어 강제 해산되었고, 우리나라 최초의 천주교 신부인 김대건 신부가 1845년 귀국 후 한 달간 머물며 미사를 했던 첫 사목지(홍교리 101-1, 102-1, 103-1)도 홍교리에 있다. 개신교 유일한 한옥 교회인 구 강경성결교회 예배당(북옥리 93-1)은 등록문화재 제42호로 지정되어 역사성을 간직하고 있다. 서양의 기독교 건축은 고대 로마에서 재판이란 공공의 목적으로 사용된 장방형 건물인 바실리카 구성을 차용했다. 층고가 높은 중앙의 기다란 홀(nave, 네이브)과 양옆의 복도(aisle, 아일), 중앙 홀 끝의 제단(apse, 앱스)으로 구성되는데 중세 고딕이나 로마네스트 성당들은 바실리카 평면을 기본으로 발전해 나간다. 우리나라에서 가장 오래된 한옥 교회인 강화도 성공회 성당도 평면은 바실리카 형식이다. 하지만 강경성결교회는 바실리카 양식에서 벗어나 정면 4칸, 측면 4칸으로 비율이 거의 1:1인 정방형이다. 한식 목구조의 구성에서도 벗어나 대들보가 사방으로 뻗으며 지붕 구조를 받쳐주고 있어, 용도에 맞게 적응하는 건축 기술의 변천 과정을 잘 보여준다. 평일인데도 창문 한 켠을 열어둔 배려로 숱한 서까래가 만드는 웅장함을 곁눈질할 수 있었다. 서까래가 가지런히 일렬로 뻗어 용마루를 향하는 것이 낯선 장관을 이룬다. 한옥의 기품이 서양 종교를 만나 너른 성정으로 확장되어 신을 앙망하는 데 부족함 없는 공간으로 태어났다.

①②구 강경성결교회 예배당은 현존하는 개신교 유일의 한옥 교회이다. 정면과 측면 비율이 1:1 정방형으로 용도에 맞게 적응하는 한식 목구조의 변화를 잘 보여준다.

1915년 강경은 취락 도심이 크게 두 부분으로 나뉘었다. 상시장(북옥리, 홍교리 마을회관 일대)과 하시장(강경성결교회 일대)을 연결하는 도심(중앙리, 홍교리 등)과 남서쪽 금강과 접한 황산 아래 취락 도심이다. 원래 황산리 주변에는 전통 한옥들이, 중앙리 주변에는 일본인과 청국인 주거지들이 뚜렷하게 구분되었지만 1911년 철도가 들어오면서 일본인들은 채운리, 산양리 쪽으로 가옥을 짓기 시작했고 그 흔적들이 아직 곳곳에 살아 있다. 황산 주변은 지금도 대흥시장과 강경역이 가까워 분주한 일상이 흐른다. 그 아래 아직 근대문화재로 지정되지 못한 의미 있는 건물들이 남아 있다. 먼저 강경역에서 약 300m 지점에 허름한 목조 창고 2개가 있다. 사연 많은 행색임에도 큰 덩치가 예사롭지 않다. 어찌어찌 사나운 세상 속에서 살아남았지만 잡초만이 유일한 벗일 뿐 창고는 아스팔트 도로에 발을 내딛지 못한 채 홀로 외딴 땅이 되어 있다. 일본은 양질의 쌀과 콩을 수탈하기 위해 1915년 강경에 곡물검사소를 설치했다. 금강 유역의 곡물을 강경에서 검사한 후 일본으로 반출시키기 위함이었다. 하지만 조선미 반입으로 일본미 가격이 큰 폭으로 하락하자 조선총독부는 미곡 창고를 만들어 일본으로 보내는 쌀의 양을 조절하기 시작한다. 1930년부터 약 100만 석을 수용할 수 있는 창고를 두겠다는 계획하에 쌀 주요 생산지에 2~3만 석을 수용할 수 있는 창고가 설치된다. 강경에는 1935년 약 100평 규모의 미곡창고 6동이 세워졌고 그 중 2동(대흥리 29-10, 12)이 살아남았다.

조선총독부는 일본으로 보내는 쌀의 양을 조절하기 위해 1930년부터 쌀 주요 생산지에 2~3만 석을 수용할 수 있는 창고를 설치한다. 강경에는 100평 규모의 미곡창고 6동이 세워졌고 그중 2동이 남아 있다.

강경 미곡창고는 목재 판벽이 벗겨져 속살인 흙이 드러나 있었고 구멍난 벽 사이로 듬성듬성 방치된 쓰레기도 눈에 들어왔다. 음습한 기운이 엉킨 공간 속, 지붕 환기구에서 내리쬐는 한줌의 햇살을 의지해 내부를 자세히 들여다보았다. 지붕을 지탱하는 목조 트러스(truss, 부재가 휘지 않게 접합점을 핀으로 연결한 골조구조)가 빛 사이로 뼈를 드러내는데 순간 훤칠한 모습에 압도당한다. 시선을 내리니 목재로 골격을 세우고 흙으로 채워 판재를 붙인 벽에 가새들이 단정히 채워져 있다. 구멍 사이로 보이는 내부는 생각보다 다부져 장엄하게 실체를 드러내고 있었다. 근대문화유산은 격변했던 근대기의 삶이 누적되고 때로는 적응되면서 현재를 이루는 물리적인, 유형적인 기록이다. 우리나라 문화재의 선정은 가치를 따져 국가나 자치단체가 지정하는 지정제로 이루어진다. 이 제도로 인해 사각지대에 놓인 근대문화유산이 속수무책으로 소멸되자 신고제인 등록문화재 제도를 도입해 그 틈을 보완하기 시작했다. 등록문화재 제도는 형성된 후 50년이 지난 근현대기의 역

강경 구 조선식산은행 사택의 모습들 ①거실 앞 복도. 우측 거실의 미서기문 위에 란마가 보인다. ②거실의 도코노마 ③사택의 전경 ④거실 미서기문 중간에는 후지산을 새긴 유리창을 달았다.

사, 문화적 산물을 보존하기 위한 것으로 지정문화재와 달리 어느 정도 자유로운 활용이 가능하다. 금강 주변 평야 지대에 남아 있던 몇몇 미곡창고들은 문화예술 공간으로 회생해 지역주민에게 여러 콘텐츠를 제공하고 있다. 대흥시장, 강경역과도 가까운 강경미곡창고는 가능성이 크지만 아직 등록문화재로 지정되지 않아 미래는 불투명하다. 미곡창고와 같은 운명에 놓인 몇몇 근대 건축을 보기 위해 강경 구석구석을 누벼본다. 황산리의 구 세무서장 관사(황산리 113), 구 식산은행 강경지점 사택(북옥리 106-3)은 모두 산자락에 놓여 도심을 바라다보기 좋다. 두 집 모두 민간인 소유라 먼발치에서만 볼 수 있는데 운 좋게 구 식산은행 사택을 견학할 기회를 얻었다.

이 집은 강경 조선식산은행이 1928년에 건립된 것으로 보아 비슷한 시기에 지어졌을 것으로 추정한다. 우진각지붕(경사진 지붕의 4면이 모두 용마루에서 만나는 지붕 형식) 아래 겹처마와 현관이 놓인 일본식 건물이다. 현관을 들어서면 좌측으로 거실과 연결되는 복도가 놓이고 정면으로 4개의 방이 병렬로 이어진다. 거실에는 도코노마(객실 정면의 벽을 움푹 파이게 해서 미술품 등을 장식하는 장소)가 설치되어 있고 뒤쪽으로도 복도를 통해 방이 연결된다. 거실 미서기문의 란마(문 위에 통풍과 채광을 위해 설치한 창), 복도 끝의 화장실도 원형대로 잘 남아 있다.

1928년에 지은 강경근대역사관 앞 호남병원은 헐려 젓갈가게로 바뀌었

고 호남지방 최초로 생겨난 강경극장은 옛 모습을 잃었으며 상강경교도 철거의 위기를 겪고 있는 등 강경의 근대건물들은 도시화로 휩쓸려가거나 개조되어 갔다. 건축은 유한한 것으로 한 세대가 지면 소멸되는 것이 숙명이지만, 그 한시적 삶을 건너 현재를 살 수 있다면 중요한 가치를 생산해낸다. 이는 인간성을 잇는 것이고 역사를 존중하는 것이며 진보를 이루어가는 길이다. 세월을 돌이켜보는 겸손이며, 더 이상 실수하지 않으려는 움직임이다. 땅도 도시도 희로애락이 쌓여 성숙해 가는 인간사와 다를 게 없다. 우리는 역사의 희로애락, 옛 사람들의 집단 기억을 되새기며 땅의 정체성을 배워나간다. 옛 시간이 누적된 도심은 현재를 엮어 가는 연속성이 있을 때, 일상이 함께 엉킬 때 더 활기차게 성장할 수 있다.

①황산 아래 위치한 구 세무서장 관사는 부지가 1938년에 허가된 것으로 보아 1938년 말에 지어진 것으로 추정한다. 서양식과 결합된 일본식 목조주택으로 내부 중복도에 면해 방들이 배치되어 있다. ②강경의 한 건실한 일본식 주택의 모습.

비문에 의하면 1731년 조선 영조 때 강경사람 송만운이 주도해 만들었다고 하는 강경 미내다리. 강경의 경제적 명성의 산물로 300년 전의 시공간을 잇는다.

그럼에도 강경을 아울렀던 그 시대의 경제력이 그닥 와 닿지 않는다면, 조선후기로 돌아가 강경읍 인근의 돌다리를 보면 실감하게 된다. 홍예석(사다리꼴 돌)으로 만든 무지개다리는 궁궐이나 사찰의 입구에 놓이는데, 사회적 지위뿐 아니라 경제력과 기술이 합쳐져야 가능했다. 강경에는 돌로 만든 무지개다리가 2개나 남아 있다. 조선후기 전국 교역의 거점으로 경제적 명성을 꽃피웠던 강경의 전성기가 돌다리에 뭉쳐 있다. 인적 없는 둑방 길을 따라 들어가면 이제는 강과 상관없이 전시품이 된 미내다리를 만난다. 멀리서도 허투루 세운 다리가 아님을 알아챌 수 있다. 시원스레 휜 다리 아래로 우아하게 허리를 튼 3개의 홍예(무지개 모양으로 만든 둥근 개구부)가 연속

된다. 보수공사로 새 돌과 섞여 있지만 여전히 300년 전의 시공간을 이으며 그 시절을 거닐게 한다. 원래 미내다리 주변은 큰 시내여서 바닷물까지 들어왔다고 한다. 조수가 물러가면 바위가 보인다고 해서 조암교(潮岩橋)라 불렸다는 기록이 『동국여지승람』에 남아 있다. 일제강점기에 수로 정비로 물길이 바뀌면서 지금은 제방 안에 숨어 있다. 인적 없는 강경천에 백로 한 마리가 수면을 치며 날아오른다. 백로를 좇던 시선 끝, 홍예 안으로 둑방과 멀리 아파트가 담긴다. 미내다리는 홍예 사이를 다듬은 장대석(층계나 축대를 쌓는 데 쓰이는 네모나고 긴 돌)으로 채워 끝까지 격식을 갖췄다. 다리 옆에 있던 비문은 국립부여박물관에 보관 중인데 1731년 조선 영조 때 강경사람 송만운이 주도해 만들었다고 기록되어 있다. 아마도 강경의 명성과 지주의 명예를 미내다리에 싣고자 정성스럽게 만든 듯하다. 미내다리 인근 야화리 앞에도 무지개다리, 원목다리가 있다. 원목은 '원(院)'과 길목의 '목'이 합쳐진 말로 미내다리와 비슷한 시기에 건립된 것으로 추정한다. 현재의 모습은 홍수로 파괴된 것을 1900년 민간의 노력으로 다시 고쳐 세운 것이다.

다리, 장승, 고목, 강 등을 만날 때마다 그 어떤 문화재보다 마음이 간다. 그들이야말로 민중의 역사를 갈무리하는 존재들 같아서. 이들은 식물인간처럼 얼어 있다 알아봐주는 사람이 나타나면 다시 깨어난다. 강경의 마지막 답사지, 옥녀봉으로 향했다. 그곳에 서니 아직 겨울을 붙잡고 있는 금강과 논산천이 아련히 내려다보인다. 저 물길을 따라 수많은 배들이 드나들고 일

여느 읍처럼 설핏 스치지만 옛 명성은 남기 마련이다. ①구 한일은행 강경지점은 1913년 현재 위치로 신축 이전해 지금은 강경역사관으로 사용되고 있다. ②구 강경노동조합(등록문화재 323호)은 1925년에 신축된 건물로 강경 지역 근대 상권을 상징하는 건물이다. ③강경공립상업학교 관사(등록문화재 322호)는 1931년 지은 교장 사택으로 서양식과 일본식이 혼재되어 있다. 높은 천정으로 박공지붕이 이어져 내려오는 형태가 특징이다.

본인들이 왕래했다. 1978년 새우젓 드럼통 100통을 가득 실은 배가 강경으로 들어왔다. 하지만 오랫동안 큰 배가 드나들지 않았던 탓에 바닥에는 토사가 쌓였고 배는 그 토사에 걸리고 만다. 결국 새우젓 20통만 건져내고 나머지는 강으로 흘려보낸다. 그렇게 강경 포구에 마지막 배가 들어왔다 사라진다. 눈을 돌리니 노란 개나리가 수줍게 피어 먼 논산천 언저리를 수놓는다. 논산천 옆 강경 시내도 내려다보인다. 마을에는 꽤 많은 십자가들이 솟아 있다. 가까이 다가가도 그 깊이를 가늠할 수 없는 우물처럼 이 작은 땅에 광활한 근대 역사가 심연 속에서 꿈틀대고 있다.

# 향촌 사대부가의 품격

◉ 돈암서원, 노강서원, 명재윤증고택

논산의 논강평야는 내포평야와 함께 충청남도의 곡창지대로 불린다. 논강평야는 동북쪽으로 계룡산, 동남쪽으로 대둔산이 경계를 이루고 서쪽으로 노성천과 논산천이 흐른다. 논강평야가 논산천, 금강과 만나는 지점에 강경읍이 있고 그 옆으로 논산이 바짝 붙어 있다. 논강은 논산과 강경을 합친 말이니, 포구와 평야로 넉넉했던 연속선에 두 도시가 있다.

풍요로운 땅답게 논산에는 품격 있는 향촌 사대부가의 흔적이 두루 남아 있다. 향교와 서원은 조선시대 고등교육기관이다. 향교는 국가기관에 속한 국립교육기관이고 서원은 향촌에 기거하는 사대부의 사립교육기관으로 크게 강학(講學, 학생들을 가르치는)공간과 제향(祭享, 선현을 모시고 제사를 지내는)공간으로 나뉜다. 향교는 제향공간에 공자와 그 제자를 모시고 서원은 본받을 만한 유학자를 모셨다. 조선중기 이후 서원은 각종 면세, 면역 특권을 누리며 권력을 휘둘렀고, 결국 흥선대원군 때 사원철폐령이 내려지고 650개 서원 중 47개만 남게 된다. 이후 약 150년이 지난 2019년, 서원 9개가 유네스코 세계문화유산에 등재되는데 최초의 서원인 소수서원, 퇴계 이황을 모신 도산서원 등 경상도에 6개, 전라도에는 정읍 무성서원, 장성 필암서원 2개, 충청도에는 논산 돈암서원이 해당된다. 이 9개의 서원은 흥선대원군 때도 철폐되지 않은 유서 깊은 곳들이다. 유네스코는 성리학이 한국에 정착되는 역사적 과정을 보여준다는 점에서 서원의 '탁월한 보편적 가치'를 인정했다. 또한 자연과 우주를 수양의 거울로 삼았던 성리학자들의 자연 친화적인 건축적 접근도 높이 샀다. 물론 유교가 갖는 차별적 이데올로기라는 한계는 있지만 학문 정진을 통해 수양했던 유학자의 태도는 본받을 만한 가치가 있다. 500년 유교문화의 산물로, 이념과 실천이 하나가 된 공간이자 유학자의 자기 성찰적 공간이 바로 서원이다.

충청도에서 유일하게 유네스코 세계문화유산에 지정된 논산 돈암서원(사적 제383호)은 유학자 김장생(1548~1631)을 모시는 사학공간으로 1634년에 창건되었다. 율곡 이이의 사상과 학문을 이은 김장생은 엄격한 질서와 정교한 형식을 중시하는 예학을 선도한 유학자이다. 김장생의 아버지 김계휘가 경회당을 세운 후 김장생이 양성당을 세워 후학을 양성했고 후세에 경회당과 양성당을 중심으로 돈암서원이 세워진다. 1660년 현종이 '돈암'이라는 현판을 내려주어 사액서원(조선시대 국왕으로부터 편액, 토지, 노비 등을 하사받아 권

2019년 서원 9개가 유네스코 세계문화유산에 등재되었는데 그중 충청도에서는 유일하게 논산 돈암서원이 포함되었다. 돈암서원의 강학공간 모습

위를 인정받은 사원)이 된다. 돈암서원의 창건 터는 현 위치에서 서북쪽으로 약 1.5km 떨어진 곳에 있다. 옛터의 지대가 낮아 홍수가 오면 뜰 앞까지 물이 차올라 1880년 현재 위치로 옮겨 재정비했다.

서원은 기본적으로 전학후묘(前學後廟, 강학공간을 앞에 사당공간을 뒤에 둠)로 배치되는데 외삼문(정문)–강당(강학공간)–내삼문(사당의 출입문)–사당(제향공간) 순으로 놓인다. 먼저 정문을 지나면 교실인 강당이 정면에 보이고 그 앞 좌우로 기숙사인 동재와 서재가 놓인다. 강학 건물은 대부분 치장

없이 검소하다. 유학자의 절제된 생활을 수양하는 공간까지 끌어들인 것이다. 돈암서원의 강학공간인 양성당도 공포나 단청 없이 단출하지만 팔작지붕을 얹고 기단과 주초에 다듬은 돌을 사용해 권위를 갖췄다. 양성당 옆에는 장판각(서책을 보관하는 창고)과 전사청(제사에 필요한 그릇 등을 보관하는 창고. 돈암사원은 제사 음식을 만들고 학생들의 식사를 담당했던 직사의 기능도 겸하고 있다)이 있고 그 뒤로 사당, 숭례사가 놓여 서원의 전형적인 구성을 따랐다. 사당인 숭례사는 불교의 주불전처럼 격식이 높고 화려하다. 단청은 물론이고 다듬은 장대석으로 여러 단을 쌓아 사당 자리를 높였고 공포(栱包, 기둥과 지붕 사이에 놓여 지붕의 무게를 지탱하고 기둥에 전달하는 구조 부재의 총칭)에는 익공(翼工, 기둥 위 공포가 새 날개처럼 조각된 형식)을 얹었으며 창방(昌枋, 기둥머리에 연결된 사각 부재로 기둥을 서로 연결)에 화반(華盤, 창방 위에서 부재를 받치는데 꽃 등을 조각하기도 함)을 두어 한껏 치장했다. 여기에 숭례사는 화사한 꽃담까지 가세한다. 숭례사의 앞마당에 서면 내삼문이 말갛게 서 있는데 세 개의 문 사이에 담장이 쳐져 있다. 담장은 글자를 새긴 꽃담으로 꾸몄는데 12개의 글자가 3개의 사자성어를 이룬다. 각각 지부해함(地負海涵, 땅이 온갖 것을 등에 지고 바다가 모든 물을 받아주듯 포용하라), 박문약례(博文約禮, 지식은 넓히고 행동은 예의에 맞게 하라), 서일화풍(瑞日和風, 좋은 날씨, 상서로운 구름, 부드러운 바람, 단비 즉 다른 사람을 평안하게 해주고 웃는 얼굴로 대하라)이다. 때때로 에두르지 않은 직언이 마음을 환기시키기도 한다. 이런 잠언들은 종교와 상관없이 인간의 본질을 관통하고 정신을 조각

김장생을 모신 돈암서원의 사당, 숭례사의 모습. 담장은 글자를 새겨 꽃담으로 마무리했는데 12개의 글자가 3개의 사자성어를 이뤄 마음을 환기시킨다.

한다. 예학의 가르침을 수려한 꽃담으로 재치 있게 수놓으니 바라보는 재미도 뜻을 음미하는 맛도 있다. 가르침들을 입 밖으로 한번 툭 내뱉으니 낯선 사자성어가 잠언 되어 마음에 닿는다. 잠언들을 곱씹으며 다시 돈암서원 입구로 향한다. 내내 의구심을 일으키는 건물 때문이다.

처음부터 돈암서원은 어딘지 낯설었다. 정문을 들어서면 양성당보다 앞서 왼편에 강렬하게 시선을 잡아끄는 건물이 있다. 양성당과 같은 강학공간인 응도당(보물 제1569호)으로 옛터에 남아 있다가 1971년 현 위치로 옮겨졌는데 자태가 화려해 기존 강당 건물의 형식에서 벗어나 있다. 1633년에 세워진 응도당은 정면 5칸 측면 3칸으로 원기둥을 사용했고 익공이 얹혀 있다. 기둥을 잇는 창방 위에는 연꽃무늬의 화반이 놓였는데 연꽃은 사군자와 함께 군자의 덕목을 빗댈 수 있는 자연물 중 하나이다. 원래 화반, 익공, 원기둥 등은 일반 강학 건물에서는 잘 보이지 않는다. 양성당에 오르면 이 건물의 대담함이 도드라지는데 거대한 대들보 2개가 마루를 가로지른다. 전면 마루는 시원스레 마당으로 열려 있고 그 뒤로 2.5칸의 온돌방과 1칸의 온돌방이 놓인다. 방 사이로 1.5칸의 마루가 끼어드는데 이 마루를 통해 뒷언덕이 그림 되어 들어온다. 이 뒷마루는 응도당과 자연을 유기적으로 맺어주고 숨통도 트여주면서 개성 어린 건물로 완성시킨다. 조선후기가 되면 기둥 높이가 높아지면서 건물이 전반적으로 솟아난 느낌을 준다. 높이가 높은

돈암서원의 응도당은 기존 강학공간과 다르게 자태가 화려한데 충청 지역 기호학파에서 보이는 건축적 특징으로 보기도 한다. 전면 마루 뒤 온돌방 사이로 1.5칸의 마루가 끼어드는데 이 마루를 통해 뒷 언덕이 그림 되어 들어온다.

만큼 지붕의 면도 전면에서 많이 드러나는데 응도당은 그 부담을 보완하기 위해 양쪽에 눈썹지붕을 달았다. 어느 정도 팔작지붕을 연상케 해 위상도 갖추는 이중 효과를 얻는다. 그래도 사당보다 격을 낮추기 위해 단청은 칠하지 않았다.

응도당과 거의 흡사한 강당이 논산에 또 하나 있다. 논산 노강서원(사적 제540호)은 1675년 지은 이후 원래 자리를 지키고 있는 사액서원이다. 노강서원과 돈암서원의 강당 건축을 충청 지역 기호학파에서 보이는 건축적 특징으로 보기도 한다. 노강서원은 소론계의 유학자, 명재 윤증(1629~1714)도 모시고 있는데 그의 인품이 녹아든 집, 윤증고택이 논산에 있다. 인조반정으로 정권을 잡은 서인은 1680년 경신환국(남인이 대거 실각해 정권에서 물러난 사건)으로 노론과 소론으로 나뉘게 된다. 노론은 송시열을 중심으로 남인에게 강경했다. 반면 신진세력인 소론은 외척을 경계했지만 남인에겐 온건했다. 윤증은 아버지 윤선거의 친구였던 송시열의 제자였으나 노론과 세도가들이 주름잡는 불합리한 정치판에 끼려 하지 않았고 세도를 누리던 노론을 정면으로 비판하기도 했다. 노성면 교촌리는 파평 윤씨들의 세거지로 윤증고택은 조선중기 향촌 사대부가의 면모를 단정하게 보여준다. 몇 년 만에 불쑥 찾아와 보니 안채 뒤뜰에서 키를 다투던 장독대가 밖으로 나와 올곧게 일렬로 정돈되어 있었다. 장독대를 따라 언덕 너머 뒷산 소나무까지 대지주집의 자부심이 두루 묻어나 윤증고택의 풍경을 가득 채우고 있다.

조선중기 향촌 사대부가의 면모를 단정하게 보여주는 명재 윤증의 고택(국가민속문화재 제190호)의 전경. 안채 뒤뜰에서 서로 키를 다투던 장독대는 밖으로 나와 올곧게 일렬로 서서 대지주 집의 자부심을 내뿜는다. 대대로 내려온 유품도 국가민속문화재 제22호로 지정되어 있다.

# 황산벌,
# 거친 들판에 자비가

◉ 견훤묘, 계백장군묘, 은진미륵

왕건은 자손들에게 10가지 교훈 「훈요십조」를 남겼는데, 그중 8조가 눈에 띈다. 금강 아랫녘은 산형 지세가 배역(背逆)하니 그 지방 사람들은 등용하지 말라고 이른 것이다. 918년 고려를 세운 왕건은 18년 동안 끈질기게 저항한 후백제의 땅이 불안했다. 혹 반란을 일으킬 수 있으니 벼슬을 주지 말라는 유언 아닌 유언을 남긴 것이다. 왕건도 견훤도 '지는 나라 신라'가 아닌 각각 후백제와 고려가 두려움의 대상이자 라이벌이었다. 후백제를 세운 견훤에 대한 기록이 많지 않지만 삼국사기에 그의 용모와 성격에 대한 이야기가 남아 있다. 수풀 밑에 홀로 있던 아이에게 호랑이가 다가와 젖을 먹였고 자라면서 체격과 용모가 웅대해지고 기개가 호방해 범상치 않았다고 한다. 견훤은 원래 상주사람으로 신라에 대한 백성들의 원망을 틈타 사람들의 호응을 얻은 후 군사를 모아 스스로 왕이 되고 900년 완산, 지금의 전주에서 후백제를 세운다. 왕건은 918년 철원에서 왕이 되었고 이때부터 두 사람의 라이벌전은 필연이 된다. 견훤은 920년

대야성을 함락시키며 승승장구했는데, 927년 경주를 공격해 경애왕을 죽였고 팔공산 아래에서 맞닥뜨린 왕건과의 전투에서도 승리할 만큼 기세가 강했다. 하지만 932년 신하 공직(?~939)이 왕건에게 항복한 후 그를 떠나는 부하가 늘어났고 왕위 계승에 불만을 가진 큰아들 신검에 의해 금산사에 갇히는 수모를 겪는다. 결국 왕건에서 자신을 의탁하고 아들을 물리치려 했지만 왕건이 신검을 살려주면서 견훤은 울화병에 시달리다 등창으로 사망하고 만다.

역사의 기록은 철저하게 승자의 편이다. 그래서인지 역사적 인물의 묏자리는 후대의 역사적 평가를 적나라하게 보여준다. 어떤 묘는 그 인식만큼이나 모질기도 하다. 백제의 마지막 왕, 의자왕은 황산벌에 묻히지 못했고 중국 북망산(이 일대는 고구려와 백제 패망 이후 끌려왔던 연개소문과 의자왕의 자손 및 고구려 백제 유민들이 묻혀 있다)에 묻혀 있다. 그나마 중국의 발굴조사가 끝난 후 밭으로 변해버렸다. 해동의 증자(공자의 제자로 효심이 깊었다)라 불리며 당당하게 신라를 압박했던 의자왕은 묘의 물리적 거리만큼이나 삼천궁녀라는 왜곡과 오해에서 벗어나지 못하고 있다. 후삼국이라는 판도를 만들었던 견훤은 권력을 잡지 못한 실패자라는 평가로 숨죽이고 있다. 그의 묘는 아무런 역사성을 부여받지 못한 채 허무한 풍경으로 자리 잡았다. 삼국유사에서 일연은 견훤의 탄생 설화를 넘어 권력자의 일생이라는 시각을 덧붙였는데 단기간에 전라인들의 신임을 얻었던 그는 분명 특별한 자질이 있었다. 패기 넘쳤던 견훤과 승부사였던 의자왕은 우리 역사를 풍요롭게 했던 인물들이다. 혼란스러운 시대를 헤쳐나간 개성 있는 한 인물로 그들의 생애를 훑다 보면 역사를 재구성하는 재미가 생겨난다.

초봄의 스산함이 내려앉았는데도 견훤묘는 생각보다 다부졌다. 언덕에 올라앉아 주변 산세를 살피기에 좋았고 남으로는 전주 쪽 산세가, 북으로는 논산이 내려다보였다. 묏자리 주변에는 봄까치꽃이 그새 피어올라 봄을 알렸고 무덤 앞 배롱나무는 겨우내 얼어붙은 몸을 깨우듯 가지를 쭉쭉 뻗어내, 한여름에 피워낼 백일홍을 소환했다. 주변을 돌아보니 묘 곳곳에 그저 산책 삼아 찾아온 사람들, 줄넘기를 하는 모녀, 어찌어찌 알고 찾아온 가족들이 무심하게 흩어져 있다. 생각보다 큰 무덤에 흠칫하다가 문화재 안내판

초봄의 스산함이 내려앉았는데도 견훤묘는 생각보다 다부졌다. 혼란스러운 시대를 헤쳐나간 개성 있는 한 인물로 그의 생애를 훑다 보면 역사를 재구성하는 재미가 생겨난다.

으로 향해 주변을 쓱 훑어보더니 다들 언덕을 내려갔다. 그의 유언대로 오랫동안 사랑했던 땅, 전주를 내려다봐서인지 견훤의 응어리도 희미해진 듯하다. 오늘도 양지바른 곳에서 한줌의 권력도 남김없이, 마음속 허기 없이, 배신과 절망 없이 무심히 객을 맞이한다.

충신으로 회자되는 계백의 묘는 어땠을까. 황산벌에서 신라 5만 대군에 맞서 5천 결사대를 이끌고 몇 번의 승리를 이끌다 최후를 맞은 그는 황산벌 옆, 수락산 아래 큰 묘의 주인이라 알려졌지만, 어떤 확인도 확신도 없이

계백묘는 백제 결사대가 최후를 마친 수락산 아래 있던 큰 묘로, 무덤이 노출된 채 방치되다가 옛 문헌기록 등을 분석한 결과 계백장군의 묘라 인정되었다.

천년 이상 방치되어 왔다. 1970년대에 와서야 옛 문헌기록 등을 분석한 후 계백의 묘로 인정되면서 충청남도 기념물 제74호로 지정된다. 무덤은 돌덧널(석곽묘, 땅을 파 석재로 직사각형 네 벽을 쌓은 무덤) 형식으로 그대로 노출되어 오다 보수공사를 거쳐 홍살문(궁, 관아, 능, 묘의 입구에 세우던 붉은 색을 칠한 나무 문으로 담장이나 입구가 없어 상징성이 강하다)까지 갖춘 유적지로 거듭났다.

왕건과 그의 아들 광종은 후백제 땅이 고려의 땅임을 소란스럽게 선포한다. 왕건은 호국 대사찰인 개태사를 창건해 자신의 어진을 두었다. 당시 개태사는 천여 명의 승려가 거주할 만큼 위세가 대단했다. 그는 승려 500백여 명의 밥을 지을 수 있는 가마솥을 만들었는데 지금도 논산의 명물로 남아 있다. 우리나라에서 가장 큰 미륵불인 관촉사의 석조미륵보살입상(국보 323호)은 광종의 전폭적인 지지로 세워졌다. 당대 뛰어난 조각장이 참여했고 석공 100여 명이 동원되었다. 미륵불은 머리, 허리, 허리 아래로 나눠졌는데 좌우 머릿결과 큼직큼직한 이목구비 등이 섬세하게 조각되었다. 미륵불은 미래의 중생을 구원하는 메시아 같은 존재이자 본인도 부처가 되기 위해 수양하는 보살이다. 그래서 민중의 가장 큰 지지를 받았다. 비록 고려 왕권의 산물이지만 풍요로운 땅을 기반으로 금동대향로를 만들어낸 문화대국, 백제의 천년을 굽어살피는 당산 같은 존재로 오늘도 황산벌을 내려다보고 있다.

은진미륵으로 불리는 논산 관촉사 석조미륵보살입상의 모습. 백제의 천년을 굽어살피는 당산 같은 존재로 오늘도 황산벌을 내려다보고 있다.

# 봄의 정령,
# 야생화

◉ 불명산 화암사, 논산 쌍계사

논산천 따라 불명산 화암사를 10년 만에 다시 찾았다. 10년 전 늦가을에는 금세 해가 떨어질까 조바심을 내며 올랐는데 3월 중순 오늘은 온순한 햇살 아래 느적느적 걷기 좋다. 그래

불명산 화암사 계곡에 핀 한국의 야생화 얼레지꽃. 나지막한 산 속에 야생화가 억겁의 세월을 이고 부처님을 향해 피어올랐다.

도 신록이 우거졌다면 저 골도 더 빛났을 텐데, 앙상한 숲은 오랜 기대를 무너뜨린다. 이곳과는 인연이 깊지 않나 보다 푸념할 때쯤 노란 복수초 무리가 불쑥 나를 깨운다. 샛노란 색을 뿜어내는 꽃을 보니 봄을 우습게 여긴 내가 더 우스워졌다. 순간 저 멀리 출사 나온 사람들이 시야에 걸린다. 고고하게 고개를 떨군 보랏빛 꽃을 정성스레 찍고 있었다. 조심스레 다가가 무슨 꽃이냐 물었더니 한국의 야생화 '얼레지'라고 한다. 신기하게도 꽃술은 땅을 향하고 꽃잎은 새의 날갯짓처럼 하늘을 향한다. 자세히 보니 평지가 아닌 비탈길에 홀로 또는 거리를 두고 무리를 이룬다. 남쪽은 산수유와 매화가 만개했지만 굳이 이곳을 오지 않았다면 얼레지를 만날 수 없었을 것이다.

숲은 시간이 쌓이지 않는다. 늘 다시 풋것으로 시작한다. 이 가녀린 봄꽃들은 봄 햇살로 헐거워진 땅의 틈새를 헤집고 다시 피어오른다. 싱그럽고 찬란할 정도로 푸를 거라고, 곧 다가올 신록을 예견하는 곱디고운 봄의 정령들이다. 마치 수도자의 수행 길처럼 암반이 깔린 계곡길이 계속되고 마침내 우리나라에 단 하나밖에 없는 건물, 화암사 극락전(국보 제316호)을 십 년 만에 마주했다. 단청은 빛바랬지만 세월만큼 햇빛과 바와 바람을 받아내며 더 중후해졌다. 극락전 모퉁이에 서니 중정 위 네모난 하늘 너머 산줄기가 보인다. 단출하고 조용한 수도처에서 산줄기만이 흐르는 시간을 알려준다. 잊힐 때쯤이면 한 번씩 찾게 되는 마력이 불명산 산골에 있다.

쌍계사 대웅전 정면 5칸에는 2짝씩 총 10개의 문에 모란, 연꽃, 국화, 난초, 작약, 무궁화 등 6가지 꽃이 부처님께 공양하듯 새겨져 있다. 대웅전은 공포와 꽃창살로 커다란 자비의 꽃으로 태어났다.

불명산의 야생화에 이끌려 논산 쌍계사의 자비의 꽃들이 보고 싶어졌다. 초봄, 아직 만개하지 못한 봄꽃 대신 계절 타지 않고 사계절 내내 꽃을 피우는 쌍계사 대웅전의 꽃살문. 추운 계곡에서 몸을 일으키는 야생화도, 쌍계사 대웅전의 꽃살문도 찾아가야 볼 수 있는 지혜의 꽃들이다. 쌍계사 2층 누각 아래에서 계단을 따라 오르면 조선후기 건물, 쌍계사 대웅전(보물 제408호)이 정면에서 나를 응수한다. 아늑한 산세가 대웅전을 감싸고 그 품으로 빨려들듯 대웅전 앞에 선다. 대웅전 정면 5칸에는 2짝씩 총 10개의 문에 모란, 연꽃, 국화, 난초, 작약, 무궁화의 6가지 꽃이 부처님께 공양하듯 새

쌍계사 대웅전 꽃살문의 꽃 문양들. 추운 계곡에서 몸을 일으키는 야생화도, 쌍계사의 이 꽃들도 찾아가야 볼 수 있는 지혜의 꽃들이다.

겨져 있다. 국화와 무궁화는 이미 활짝 피었고 피지 못한 꽃봉오리도 군데군데 살아 있다. 이 꽃들은 누더기가 되어 떨어지지도, 바람에 실려 가지도, 산 채로 툭 떨어지지도 않는다. 꽃들은 대웅전 안에서는 보이지 않는다. 오롯이 바깥 세상에서 피어올라 부처의 향기를 퍼뜨린다. 대웅전은 공포와 꽃창살로 커다란 자비의 꽃으로 태어났다.

서울로 올라오는 길에, 반야산 중턱 은진미륵이 스쳐지나간다. 원래 바위였던 것처럼 뚝심 있게 서서 천년의 시간 동안 부서지고 채워지는 논산을 바라보았을 미륵불. 부리부리한 눈으로 적들이 휘젓고 간 거친 황산벌을 포용한 그는 우리에게 부처이자 장승이자 선조였다. 아픈 역사는 혹독한 추위를 견디고 다시 일상에 드리워지는 성숙한 꽃과 같다. 그 꽃을 정성스럽게 가꾸는 것은 우리의 몫이리라.

# 일제강점기 수탈 창고, 문화공간으로 꽃피다

금강과 가까운 평야 지대에는 일본인들이 경영하는 도정창고, 미곡창고들이 많았는데, 이들을 묶어 수탈의 역사를 조우하는 것도 의미 있다. 이 중 지역 주민에게 문화 콘텐츠를 제공하면서 새롭게 활용되고 있는 몇 곳을 소개한다. 이들 지역은 일본인 대지주 가옥이나 농장 사무실 등 쌀 수탈과 관련된 등록문화재들도 많아 함께 묶어 답사해도 좋을 것이다.

## ❁ 정읍 신태인 구 도정공장 창고

정읍시 신태인읍 화호리는 동진강이 흐르고 서해와 가까워, 정읍과 김제 일대에 대규모 토지를 소유했던 일본인 구마모토 농장과 관련된 건물이 많았다. 마을 전체가 커다란 생활사 박물관처럼 경리과장 사택, 일본인 직원 사택, 일본인 직원 합숙소, 한국인 직원 사택, 대장간, 일본인 상점 등 농장 경영과 관련된 건물들이 많았고 지금도 위태롭게 허물어지거나 사라지고 있다. 농장주였던 구마모토의 가옥은 국가등록문화재 제215호로 지정되어 남아 있지만, 농장 소작인을 위해 세운 병원인 화호자혜진료소, 다우에 가옥 겸 사무실, 소화여관 등 수탈의 역사를 간직한 건물들은 겨우겨우 버티다 등록문화재로 지정되지 못한 채 결국 철거되었다. 화호리에는 5동의 미곡창고가 있었는데 그중 4동은 없어지고 1동은 1960년대까지 화호종합병원으로 운영되다가 한때 화호여고로도 사용되었지만, 현재 리모델링되어 옛 모습을 많이 잃었다.

신태인역 인근에는 큰 규모의 도정공장이 3개나 있었고 이 중 일본인 지주 아카기가 1924년에 지은 제1도정공장은 1997년까지 운영되다가 2007년에 철거되었다. 도정공장에서는 일 년에 5만 가마 이상을 도정했다고 한다. 도정공장 인근의 쌀을 보관하던 창고가 국가등록문화재 제175호로 지정되어 정읍시 생활문화센터로 활용되고 있다. 도정공장 창고는 1920년대에 세워져 원형을 잘 유지하고 있고 왕겨나 쌀겨가 쇠를 부식시키는 속성 때문에 내부는 목구조

신태인에는 큰 규모의 도정공장이 3개나 있었는데 일 년에 5만 가마 이상을 도정했다고 한다. 도정공장 인근 쌀을 보관하던 창고가 국가등록문화재 제175호로 지정되어 정읍시 생활문화센터로 활용되고 있다.

로 되어 있다. 도정공장 창고 앞 상가건물이 아카기 가옥이 있던 자리이고 신태인 읍사무소는 아카기 농장 사무실 자리이다.

### ❀ 익산 구 익옥수리조합 사무실 및 창고

정읍의 쌀은 익산을 거쳐 군산항으로 집결했는데 익산에도 쌀 수탈과 관련된 등록문화재들이 여럿 있다. 춘포리 구 일본인 농장가옥(국가등록문화재 제211호)을 비롯해 농업 수탈의 전초기지였던 구 익옥수리조합 사무실 및 창고(국가등록문화재 제181호)는 일본인 농장 지주들이 쌀 생산량을 늘리고자 창설한 조합 사무실로 현재 익산문화관광재단 사무실로 사용 중이다. 익산에서 눈여겨볼 것은 2019년 익산 '솜리' 일대를 근대역사문화공간으로 지정해 구역 전체를 문화재 지역으로 설정한 것이다. 이는 속수무책으로 사라지는 근현대의 가치 있는 건물들을 제도적으로 보호하는 장치로 작용한다. '솜리'는 과거 전라북도 이리의 옛 이름이다. 10여 호가 거주하던 솜리는 1899년 군산 개항으로 변화를 겪는데, 1914년 동이리역이 생기면서 솜리시장(현재 남부시장 주변)이 크게 발전하게 된다. 일제강점기뿐 아니라 해방 후 주단 거리, 바느질 거리로 왕성했던 당시의 지역 문화와 생활사를 반영하는 건물들이 집중 분포되어 보존과 활용을 위해 일대를 묶어 지정했다는 데 남다른 의미가 있다. 솜리 근대역사문화공간 내 근현대 건물 10동은 별도로 국가등록문화재 제763-1호에서 763-10호까지로 지정되었다.

①익산 구 익옥수리조합 사무실 및 창고는 일본인 농장 지주들이 쌀 생산량을 늘리고자 창설한 조합 사무실이다. ②2019년 익산 '솜리' 일대를 근대역사문화공간으로 지정해 근현대 건물 10개를 국가등록문화재 제763호로 묶어 지정했다. 국가등록문화재 제763-1호 익산 구 대교농장 사택 ③익산 솜리 근대역사문화공간의 거리 모습

### ❁ 완주 구 삼례 양곡창고

완주 삼례문화예술촌은 다양한 문화를 향유할 수 있는 플랫폼이다. 아트갤러리에서 미술을 이해하고 책공방에서 지혜를 얻고 나면 목공소에 쌓여 있는 나무들과 조우하기도 한다. 하늘을 바라보며 숨 돌릴 때쯤 커피 향에 이끌려 휴식을 취할 수도 있다. 이 모두가 일제강점기 시절 양곡창고(국가등록문화재 제580호)에서 이뤄지는 것으로 6동의 창고는 종합세미나실, 아트갤러리, 문화카페, 책공방, 목공소, 책박물관으로 재생되어 다양한 문화 콘텐츠를 제공하고 있다. 창고들은 1920년대에 건립된 것으로 추정하는데 벽돌조 2동과 목조 4동 모두 외부 마감이 원형대로 잘 보존되어 있다. 일부 내부의 지붕 목조 트러스, 차양뿐 아니라 창고 건축에서 필요한 측벽 상부의 고창, 지붕의 환기시설 등도 잘 보존되어 있다. 쌀과 각종 곡류를 보관했던 호남평야의 수탈 창고로 역사적 가치뿐 아니라 규모 면에서도 가치가 높다. 이외에도 경기 충남지역의 쌀을 수탈하기 위해 세운 서천 구 장항 미곡창고(국가등록문화재 제591호, 서천군 장항읍 장산로 323)는 문화예술 창작공간으로 활용되어 전시회, 공연, 체험 프로그램을 운영하고 있다.

완주 구 삼례 양곡창고는 1920년대에 건립된 총 6동의 창고로 호남평야 수탈의 역사를 잘 간직하고 있다. 지금은 6동의 건물이 종합세미나실, 아트갤러리, 문화카페, 책공방, 목공소, 책박물관으로 재생되어 다양한 문화 콘텐츠를 제공하고 있다.

# 바다로 가는 길,
# 인제

수선스런 도심 속, 망망대해는 고단할수록 떠오르는 위로와 같다. 세상의 시름을 잊고 나를 보게 하는 주술을 부리는 바다, 그래서 속초 가는 길은 늘 마음이 뭉근하다. 속이 느긋해졌는지 어느 순간 속초 가는 길에 한 도시가 보이기 시작했다. 광활한 내설악의 시퀀스가 이어지면 산의 블랙홀에 붙들려 가는데, 속절없이 지나가기를 몇 번, 이제 인연을 맺을 때가 되었다.

대암산 용늪은 인간에게 자신을 설명하지 않는다. 그저 자연을 품고 이해하라고 말한다. 생은 지나고 또 지나가지만 용늪은 쌓이고 또 쌓일 뿐이다.

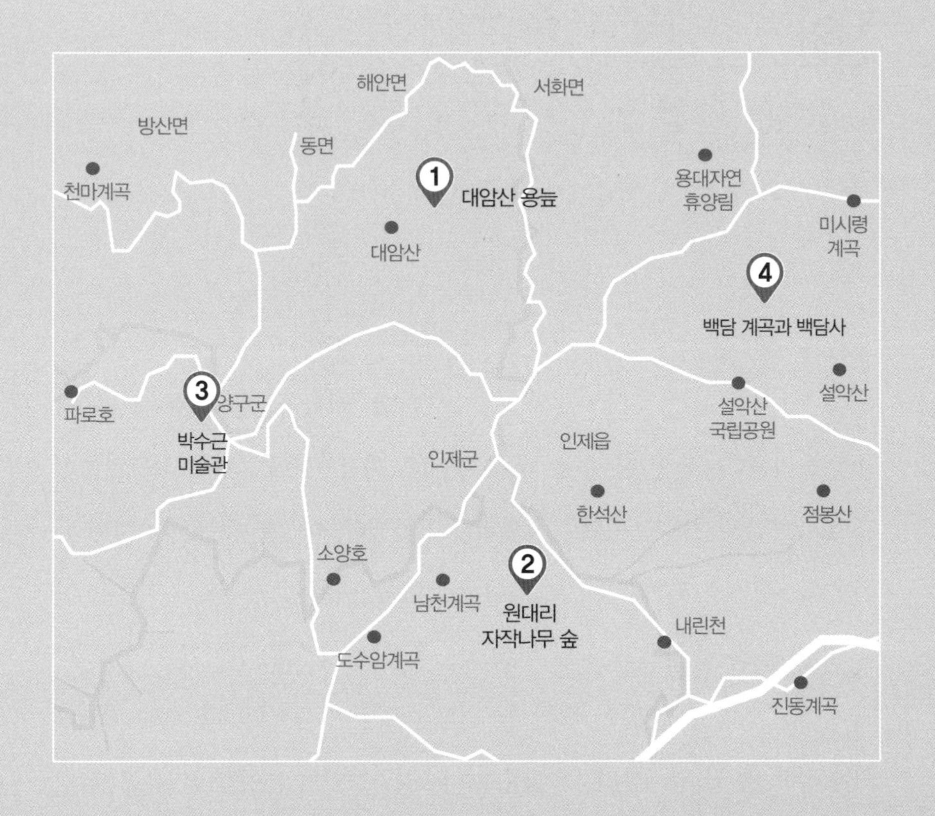


① 대암산 용늪
인제군 서화면 서흥리 산 170

② 원대리 자작나무 숲
인제군 인제읍 원대리 산 75-22

③ 박수근 미술관
양구군 양구읍 박수근로 265-15

④ 백담 계곡과 백담사
인제군 북면 백담로 746

# 비밀의 정원

◉ 인제 대암산 용늪,
원대리 자작나무숲

쉽게 풀리지 않는 빗장은 언제나 욕망을 키운다. 몇 년 전 방문 예약을 한 날, 새벽 6시에 출발하고도 임시공휴일로 지정된 탓에 고속도로를 벗어나지 못했다. 대상도 없는 야속함이 밀려왔다. 생업에 시달려 욕망도 희미해질 때쯤, 수년이 지나서야 이곳을 다시 찾았다. 일 년 중 220여 일 이상 눈, 비, 안개 등으로 젖어 있어 봄은 한 달이 늦고 겨울은 한 달이 빠른 곳, 인제 대암산 용늪이다. 하지만 10월 마지막 금요일, 먼 길 찾아온 용늪은 이미 이른 동면에 들어가 있었다. 몇 년을 기약해 만난 숲인데 기다려주지 않는 자연과 빠릿빠릿하지 못한 나에게 원망이 밀려왔다. 지금 보는 자연이 최고라고 하는데 여전히 '더 나은 자연' 운운하며 말간 허울에 집착한다. 하늘로 올라가는 용이 쉬었다 가는 곳, 비밀의 평원에 와 있지 않은가. 찬 기운을 두 눈에 담아가며 피로와 하찮은 욕망을 밀어내본다. 오롯이 대기의 움직임을 그대로 받아들여야만 하는 곳. 공기도 다칠세라 조심히 '큰 용늪'으로 가까이 다가간다.

살아있는 모든 생은 흙으로 돌아가지만, 용늪의 식물들은 박제되어 남는다. 바로 이탄층 때문인데, 식물이 썩지 않고 계속 쌓여 갈색을 띠는 지층을 뜻한다.

용늪 탐방은 뭉갤 시간 없이 해설자 따라 정해진 길로만 이동한다. 생기 잃은 들판에서 하늘만이 맑고 푸르다.

용늪은 대암산 해발 1280미터 부근에 있는 늪 형태의 평지 지형으로 큰 용늪, 작은 용늪, 애기 용늪으로 이뤄져 있다. 1960년대 비무장지대 생태계를 연구하는 과정에서 발견된 후 '작은 용늪'은 원형을 상실해 육지화 되었고 '큰 용늪'은 현재까지 늪의 형태를 유지하고 있다. 전 세계적으로 습지 매립이 심해지자 이란 람사르에서 모여 협약을 맺었는데, 대암산 용늪은 1997년 대한민국 최초로 국제습지조약(람사르 조약)의 습지보호지역으로 지정되었다. 즉 유전자보전구역으로 식생과 기후 변화를 추적할 수 있는 중요한 생태계이다. 그래서 매년 5월부터 10월까지 6개월간 하루 한정된 인원까지만 예약으로 출입이 가능하다.

살아 있는 모든 생은 흙으로 돌아가지만, 용늪의 식물들은 박제되어 남는다. 바로 갈색을 띠는 지층인 '이탄층' 때문인데 습도가 높고 적설기간이 길어 식물이 썩지 못하는 것이다. 결국 식물의 잔해가 오랫동안 1~2m로 쌓여 왔는데 여기서 추출한 꽃가루를 분석한 결과, 습지의 생성 시기를 약 4500년 전으로 추정한다. 용늪 탐방은 뭉갤 시간 없이 해설자 따라 정해진 길로만 이동한다. 앙상한 가지를 뻗어내는 나무들과 생기 잃은 들판에서 하늘만이 맑고 푸르다. 10월에도 냉기류 현상이 잦은 곳이라 쏟아지는 햇살의 질감이 다른 숲보다 더 두껍고 짙다. 종종걸음으로 이동하면서 틈나는 대로 큰 용늪의 이탄층을 내려다보았다. 갈색 늪 속에서 흔들리는 풀줄기가 살아 움직이는 생물체 같다. 얕아 보여도 가늠할 수 없는 늪 아래, 4500년 시공간의 블랙홀이 있다.

자연은 인공으로 탄생해도 너그럽게 숲을 이루고 쉼을 준다. 사람들의 저마다 얄팍하거나 진중한 사연들을 모두 '그냥' 품는다. 하지만 용늪은 자신의 이야기만 있다. 인간에게 친절하게, 너그럽게 대하지 않는다. 자연을 품고 이해하라고 말한다. 생은 지나고 또 지나가지만 용늪은 쌓이고 또 쌓인다. 인간의 간섭과 손길이 없어야만 계속 쌓일 수 있다. 한때 옐로스톤의 늑대가 유해동물로 지정되어 마구잡이 포획된 후 생태계는 파괴되었다. 식물이든 동물이든 유해와 무해의 기준은 인간의 영역일 뿐, 자연에 유해한 것이란 없다.

인제 원대리 자작나무들은 나무의 여왕답게 자태가 수려하다. 몸통은 쭉 뻗어 곧고, 새하얀 껍질은 고고함으로 무장했다.

인제 원대리 자작나무 숲은 가파른 산길을 3km만 오르면 인간을 만나준다. 길은 끈질기게 걸어도 견딜 만한데 산은 오를수록 무거움이 쏟아진다. 숨이 가빠질수록 시선은 땅으로 꽂히고 숲에 대한 욕망은 거침없이 피어난다. 그 욕망에 침전될 쯤 어느덧 눈도 없는 설원 같은 풍경에 덩그러니 던져진다. 불빛 수백 개를 세워놓은 듯 숲이 환해지면서 한 그루 한 그루가 수려한 몸짓으로 말을 걸어온다. 나를 흘깃 내려다보면서. 그제야 머리를 들어 그들을 바라보니 몸통은 쭉 뻗어 곧고 새하얀 껍질은 고고함으로 둘러쳤다. 그 가지 끝, 초록 이파리는 마치 꽃 같다. 가을이 익어가는데도 아직 넘치는 생의 기운으로 이파리 하나하나가 바람을 감지하며 반짝거린다. 이 작은 이파리들이 걸러낸 바람 따라 내 몸의 땀이 씻겨나간다. 멀리서도 늘 인간을 불러들이던 마법 속에 들어와 있다. 죽은 영혼이 깃든 나무라는, 그 오묘한 기운을 가리며 꿈결처럼 기꺼이 빨려들어가 한참 동안 숲의 정령들 품안에서 노닐었다. 소나무는 부모님같이 의지되고 참나무는 청년 같은 힘찬 줄기와 완숙한 초록에 감탄하지만, 자작나무는 연인처럼 사모하게 된다. 늘 그리움을 부르는, 모든 나무의 연인이다. 자작나무는 쓸모도 많다. 난소암 치료제의 원료로 사용되고 가구 만들기에 좋으며 표피는 불쏘시개로 사용된다. 팔만대장경의 장경판 일부도 자작나무이다. 경주 천마총의 천마도도 자작나무 껍질에 그려졌다. 자작나무라 이름 붙여진 것은 나무가 탈 때 '자작자작' 하는 소리가 나기 때문이다. 이 고고한 나무는 불에 자신을 태울 때도 그리 정성스럽게 타 재가 되나 보다.

# 뿌리 깊은 나무,
# 바람에 흔들리지 않고

◉ 박수근 미술관, 건축가 고 이종호

박수근 미술관을 찾는 이유 중 하나는 미술관을 설계한 건축가 때문이다. 미술관은 한국예술종합학교의 교수였던 고(古) 이종호(1957~2014)의 작품으로 그는 나의 스승이기도 하다. 옛 스승을 만나러 가는 길, 맵찬 옆바람이 나를 후려치며 막아 세운다. 10월 중순인데 햇살이 없다고 손까지 시리다. 그의 죽음은 나에게 무거운 질문을

건축가 고 이종호가 설계한 양구 박수근 미술관의 전경. 박수근은 한국적인 정서를 가장 잘 담은 화가로 평가받는다.

던진다. '왜'라는 안타까움과 '교만'을 흔들어 깨운다. 담백하지 못했던 내 시각에 회한도 밀려온다. 학생 때에는 그가 1993년 설계한 옛 바른손 사옥을 좋아했다. 대학로 '메타건축' 시절 경력사원 입사 지원도 했더랬다. 시간이 흘러 30대 중반에 그와 스승과 제자로 조우했다. 젊음의 패기만으로는 충족될 수 없는 안목과 20년이 조금 안 되는 나이차는 어쩔 수 없이 작은 오해를 만들었다. 옛 바른손 사옥과 박수근 미술관은 건축가 이종호를 이해하고픈 욕구를 강하게 불러일으킨다. 오해는 '내가' 객체를 보는 것에서 비롯된다. 각자의 이유와 사연이 있음에도 그것을 볼 줄 모른다면, 내 인식은 오류와 허상으로 만들어진 확신일 뿐이다. 갈대는 바람에 흔들려야 씨를 날릴 수 있다. 흔들리고 또 흔들려야 얄팍한 나를 버릴 수 있는 게 인생인가 보다.

"나는 우리나라의 옛 석물,
즉 석탑, 석불 같은 데서
말할 수 없는 아름다움의
원천을 느끼며 조형화에
도입하고자 애쓰고 있다."
– 박수근

박수근(1914~1965)이 제일 좋아한 단어 '소박함(naive)'. 생긴 그대로 또는 자연 그대로의 상태를 뜻하는 말이다. 박수근 그림의 결은 우리 땅의 화강석과 맞닿아 있다. 그 시대의 일상을 여과 없이 드러내는, 투박한 듯 담백하고 거친 듯 부드러운 그의 붓터치. 이종호는 우리네 일상에서 예술의 정체성을 탐구하던 박수근의 의지를 미술관에 그대로 담고자 했다. 그는 박수근이 태어난 대지를 미술관이 보듬도록 설계했고 외부마감은 투박한 돌을 사용해 박수근 화풍의 질감을 이어갔다. 돌벽의 담쟁이넝쿨, 수로의 징검다리, 박수근 무덤가는 길의 나무 베개 등 건축가의 섬세한 배려가 곳곳에 심어져 있다. 정교하고 화려하지 않아도 그가 '툭' 던지듯 만든 공간은 힘이 있다. 투박하지만 묵직한 박수근의 작품처럼.

'예술은 고양이 눈빛처럼 쉽사리 변하는 것이 아니라 뿌리 깊게 한 세계를 깊이 파고드는 것'이라던 박수근의 말은 작품으로 남았다. 작고 50주년

박수근 미술관 야외에서는 독립운동가의 넋을 기리는 흰 물결이 넘실거렸다.

기념 전시가 왜 '뿌리 깊은 나무'였는지 미술관을 설계한 나의 스승도 이해했을 것이다. 조금 늦고 더디어도 세상은 그림과 건축으로 박수근과 이종호를 이해한다. 말은 내뱉으면 입김처럼 사라지지만 그 가치를 작품으로 붙잡고 고정시키는 게 예술이기 때문이다.

# 승려에서 대중에로, 산간에서 길가로

◉ 한용운과 백담 계곡

계곡물은 형체 없이 흐른다. 장애물인 바위를 자유롭게 타면서 오직 바다를 향해 움직인다. 바다로 가야 영원을 살기 때문이다. 하지만 바위는 원래 그 자리에 있으려 한다. 가파른 골은 둘 사이를 더 열정적으로 대면하게 하는데 폭우가 내리면 계곡물은 거세게 바위를 때리며 흐른다. 그들은 유난하게 굉음을 내며 강한 바위를 부스

백담계곡의 전경. 물은 흘러야 하니 바위가 깨지는 것은 숙명이다. 산이 품은 계곡물은 그 어떤 물보다 주체적이고 강하다.

만해 한용운이 머물었던 백담사 경내 전경. 인간 본연이 중심이라는 종교의 본질을 현실에서 실천하려 한 그에게 식민시대는 당연히 부당했고 민족 해방 활동은 숙명이었다.

러뜨린다. 깊은 산이 품은 계곡물은 그 어떤 물보다 주체적이고 강하다. 자신의 자리를 잃은 돌들은 새로운 곳에 둥지를 틀거나 더 이상 깨질 곳 없이 물에 종속돼 떠내려간다. 물은 흘러야 하니 바위가 깨지는 것은 숙명이다. 온갖 번뇌도 흘려보내야 영혼이 고이지 않고 깨어 있을 수 있다. 흐르는 모든 것들은 소리 없이 강하다. 물도 시간도 그리고 인간의 마음도.

백담사는 마을에서 운영하는 버스를 타면 15분 만에 도착하는데 압축된 시간이라도 백담계곡의 절경에 마음을 뺏앗긴다. 큼직한 너럭바위의 위용에 빨려 들어가다가, 뽀얀 아기살처럼 보드라운 바위에 시선이 머금는다.

노년의 거친 살을 드러낸 암석을 보니 흐르는 세월이 겹쳐진다. 하얗거나 초록이거나 푸를 뿐, 백담계곡에는 세 가지 색만 존재했다. 나무들은 계곡에 비춰진 자신들을 애써 확인하려는 듯 우아하게 가지를 드리운다. 줄지어 서서 아랫마을까지 계곡물이 잘 내려가는지 관심을 보이느라 늘 분주하다.

만해 한용운(1879~1944)은 독립운동가, 스님, 시인, 소설가, 사상가 등 여러 정체성을 갖는다. 1896년 설악산으로 들어가 불교를 접하고 시베리아 등지를 여행하며 방랑생활을 시작한 후 1905년 백담사에서 정식으로 법명을 받는다. 이후 일본 유학을 떠나 불교와 서양철학을 공부하고 3.1운동 민족대표 33인 중 한 사람으로 독립만세 운동의 주도적인 역할을 한다. 그는 불교계의 혁신을 주장하며 진보적 입장으로 불교를 바라봤다. 가정을 이루지 않고는 중생을 이해할 수 없다며 승려의 결혼을 허가해야 한다고 탄원했고 불교 경전의 한글화에 힘썼으며 선교(禪敎)는 하나임을 강조해 불교교단의 화합을 원했다. '승려에서 대중에로, 산간에서 길가로'. 인간 본연(本然)을 존중하는 종교의 본질을 현실에서 실천하려 한 그에게 식민시대는 당연히 부당했고 민족 해방 활동은 숙명이었을 것이다. 서울 성북동 북정마을에는 한용운이 죽기 전까지 살았던 집, '심우장'이 있다. 일제강점기를 조선의 감옥이라 생각한 그는 따뜻한 방에서 편히 자는 것을 용납하지 않아 난방을 하지 않았다. 게다가 심우장은 북쪽을 향해 있다. 조선총독부를 등지고 지었기 때문이다. 냉기가 가득한 그곳에서 그는 독립을 염원했다. 중풍과 영

만해 한용운의 성북동집, 심우장의 모습. 사적 제550호로 지정되어 있다. 심우장은 조선총독부를 등지고 지어 북쪽을 향해 있다.

양실조로 고생하던 그는 해방 1년을 앞두고 열반에 이른다.

지금은 손쉽게 도달하지만 예전의 백담사는 백담계곡을 끼고 2시간을 산행해야 도착할 수 있었다. 그 길은 좌초할 듯한 위태로운 인생을 위로하고 혼란스러운 번뇌도 씻어 내린다. 한용운은 백담계곡 따라 수없이 오르던 길에서 식민지가 되어버린 조국을 자신에 빗대어 성찰하며 국가의 존엄성을 회복하는 길을 수없이 모색했을 것이다. 그에게 백담계곡은 조국이자 신앙이자 자신이었다. 비록 백담사 경내는 찰진 맛은 없지만 그 앞 수많은 인공 돌탑은 군무를 이루며 자연이 되어간다. 내설악 블랙홀의 심장이 이곳일까.

백담사 앞에는 수많은 돌탑들이 쌓여 있다. 내설악 블랙홀의 심장이 이곳일까. 소원은 모여 장관을 이룬다.

돌탑은 속세의 염원을 담아 오로지 하늘로 향한다. 성찰하는 기회는 적어지고 바라는 소원만 많아진 건 아닌지, 찰나의 순간에 나를 돌아본다. 성난 물은 때때로 탑을 무너뜨려 돌을 싣고 자연으로 돌려보낸다. 부처의 가르침을 싣고 다시 속세를 향해 승려에서 대중에로, 산간에서 길가로 향한다. 깨달음을 위해 끊임없이 공부하고, 현실로 돌아와 죽을 때까지 믿음과 신의를 지킨 한용운의 기상이 인제 내설악 블랙홀 안에 있다.

# 박수근 옆 백남준,
# 서울 창신동

서울시 종로구 창신동 393-16번지, 흰 벽에는 낙서가 하나 있다. '근대 미술의 거장 박수근 화백 집. 2017.2.26.' 누구의 글씨인지는 몰라도 날것의 낙서가 안내판보다 시선을 끈다. 옛집 앞에는 박수근을 기념하는 '기억'이라는 미술 작

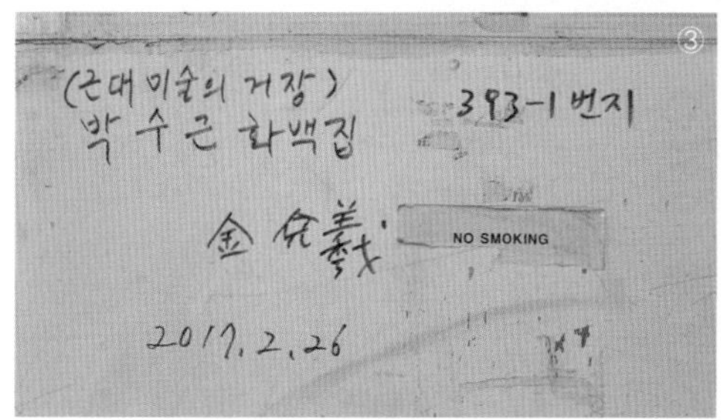


①박수근 화백이 12년을 산 옛 창신동 집은 음식점으로 바뀌었다. ②박수근을 기념하는 '기억'이라는 미술 작품 ③창신동 옛집 벽면의 낙서

품이 있다. 박수근은 미군 PX에서 그림을 그리며 모은 돈으로 18평의 이 한옥 집을 샀고, 1952년부터 1963년까지 12년을 살았다. 이제는 순댓국집이 된 옛 집 앞에서 오고가는 사람들을 흘려보내며 그 사진을 오랫동안 바라봤던 것은 그에게 작업실이자 전시실이나 다를 바 없었을 마루 때문이었다. 마루 벽면을 가득 채운 그의 작품들 중 '노인과 소녀', '나무와 두 여인', '절구질하는 여인'이 선명하다. 그는 일하는 여인들의 모습을 즐겨 그렸는데 덕분에 몇 십 년 전임에도 낯설기만 한 과거를 현미경처럼 들여다본다. 고단한 일상이 향토적 정서가 되어 녹아내린 그의 그림들은 그 시대를 경험하지 못한 세대에게도 따스한 향기로 불을 지핀다. 민중의 일상이 벽면의 낙서처럼 투박하지만 담백하게 박제되어 그림으로 남았다.

박수근 옛 집터의 지척에 또 다른 현대미술 거장의 집터가 있다. 비디오 아트의 선구자인 현대 미술가 백남준(1932~2006)은 1932년 종로에서 태어나 대지가 약 10,000㎡에 달하는 창신동 집에서 1937년부터 1950년까지 성장기를 보냈다. 창신동 197-33번지의 '백남준 기념관'은 옛 집터에 남아 있는 한옥을 시에서 매입해 리모델링 후 2017년에 개관한 것이다. 창신동은 동대문 밖 동네로 한국전쟁 이후 피난민들이 정착해 봉제업 등에 종사하면서 생계를 이어간 곳이다. 동대문시장과 더불어 봉제 산업이 발달한 탓에 지금도 동묘 주변은 수제옷 가게들과 완구점과 문구점들이 얼기설기 엮여 있다. 백남준은 한국을 떠난 후 일본, 독일, 미국 등지에서 활동했고 2006년 미국에서 타계한다. 부친은 영등

창신동 197-33번지의 '백남준 기념관'은 옛 집터에 남아 있는 한옥을 서울시에서 매입해 리모델링 후 2017년에 개관한 것으로 그를 기억하는 장소로 재탄생했다. ①기념관 중정. 그의 작품 '다다익선'을 상징하는 상징물이 서 있다. ②기념관 전경

포 공장에서 천여 대의 방적기를 돌릴 만큼 성공한 사업가였다. 백남준은 자신의 집을 '큰 대문 집'으로 회상했다. 그의 집은 동대문 전차역에서 가까웠고 그의 작품 「1936년의 서울거리」의 TV 컬러 바 안에는 동대문, 서린동, 수송동, 창신동, 삼선종, 종로 등의 이름이 적혀 있다. 그는 '비디오는 인연을 묶는 신'이라 했다. 비디오 매체를 통한 다양한 실험은 인연을 만들고 서로 공생하는 현대 세계를 구현하는 예술 활동이었다. 그의 역작 '다다익선'은 나와 너, 땅 그리고 하늘의 연결을 기원한 백남준의 민족적 축원으로 평가받는다. 창신동 백남준 기념관 중정에는 '다다익선'을 상징하는 상징물이 세워져 있다. 기념관은 '백남준을 기억하는 집'이라는 또 다른 이름을 갖고 있다. 집의 원본은 사라졌지만 터에 남은 가옥으로 그를 기념했고 찾는 이들은 그를 '기억'하는 장소로 가옥을 새롭게 경험할 것이다.

# 희망을 바라보다, 파주

조선 광해군 때 천도까지 거론되었던 길지인 파주. 선현들은 임진강 주변에서 자연 속 풍류를 즐겼고 지금은 남북을 잇는 교통 요충지로 통일의 희망을 품었다. 무엇보다 의주로 가는 옛 내륙 길이 파주를 가로지르는데 미지의 나라 '고려'와 맞닿아 있다.

한국전쟁때 무너진 독개다리. 길이 계속되려면 강을 건너야 하는데 그럴 수 없으니 상실감을 느낀다. 임진강은 여느 강과 다르게 여러 결의 감정이 피어나 서로 엉키고 만다.

① 벽제관터
고양시 덕양구 벽제관로 34-16

② 혜음원지
파주시 광탄면 용미리 234-1

③ 용미리 석불
파주시 광탄면 용미리 산 8, 9

④ 율곡묘
파주시 법원읍 동문리 산 5-1

⑤ 화석정
파주시 파평면 화석정로 152-72

⑥ 황희묘
파주시 탄현면 정승로88번길 23-83

⑦ 반구정
파주시 문산읍 사목리 190

⑧ 파평면 재건학교
파주시 파평면 장파리

⑨ 오두산 전망대
파주시 탄현면 필승로 369

⑩ 미메시스 아트 뮤지엄
파주시 문발로 253

# 의주 가는 길

◉ 벽제관터, 혜음원지, 용미리 석불

길은 생존이자 공동체를 엮어주는 삶의 근간이었다. 그래서 비어 있지만 빈 공간이 아니다. 오갔던 사람들의 발자국과 그 길에 기대에 살던 마을의 일생이 축적돼 여러 시대의 켜를 아우른다. 산이 많은 한반도는 산을 넘으면 최단 거리가 되었고 내륙의 물

벽제관은 한양에서 중국으로 가는 길에 세운 10여 개의 역관 중 하나로 한국 전쟁 때 소실되었다. 터는 1625년의 모습으로 남아 있다.

길은 주요 교통로로 길의 안내자였다. 건물은 수명이 다하면 사라지지만 이런 길은 끈질기게 살아남는다. 밟히고 밟히던 산길이 새로운 포장도로로 외면당할지라도, 흐르던 물길이 아스팔트로 채워져 매몰차게 도로에 잠식당해도, 길은 모양새만 바뀔 뿐 인간이 세상을 확장하기 위한 필연으로 남아 있다. 파주는 임진각으로 대변되는 분단의 상징으로 유명하지만, 중국으로 가는 내륙길(의주길)이 파주를 가로지른다는 사실을 아는 사람은 많지 않다. 이번에는 의주 가는 내륙길을 지나 임진각을 거쳐 임진강 따라 내려오기로 했다. 어차피 임진강을 건너 위로 갈 수도 없으니.

고려 때 남경이자 조선의 수도였던 한양에서 개성과 의주로 가기 위해서는 고양, 파주를 경계 짓는 혜음령을 넘어야 했다. 국도 78번에는 '혜음로'라는 이름이 붙어 있다. 지금은 혜음령 터널이 뚫렸지만 이전에는 남북을 잇는 고갯길로, 일제강점기 이전까지 수많은 통행을 받아내며 간선도로의 역할을 해왔다. 반대로 의주길 따라 조선에 들어온 중국 사신은 혜음령을 넘은 후 지척의 벽제관에서 하루를 묵고 다음날 의관을 갖추어 입성하는 것이 정례(定例)였다. 벽제관은 한양에서 중국으로 가는 길에 세운 10여 개의 역관 중 하나로 벽제역과 가까워 붙은 이름이다. 현재의 위치는 임진왜란 후인 1625년 고양군 읍치(邑治, 고을 수령의 관아가 있는 곳)를 옮기면서 세운 자리이다. 경의선 철도로 기능을 잃은 후, 일제강점기 때 부속건물이 헐리고 한국전쟁 때 폐허가 된 채 지금은 터만 남아 있다. 벽제관터(사적 제144호)가

있는 고양동은 대대로 이 고을의 중심지였고 지금은 관아터를 비롯한 옛 땅에 살림살이들이 빼곡히 들어섰다. 그래도 벽제관은 산책로의 일부가 되어 옛 시간 속을 엉키고 흩어지는 사람들 덕에 활기가 흐른다. 벽제관은 조선 초, 국왕이 제릉(태조의 정비 신의왕후의 무덤)에 제사를 지내러 가는 길에 머물렀던 숙소이기도 했는데, 지척에 고려시대 왕이 머물던 국립 숙박시설 터가 또 하나 있다. 벽제관을 지나 혜음령을 넘으면, 국립 숙박시설 터는 물론이고 용미리석불, 윤관묘 등 고려시대 유적들을 차례로 조우한다.

고개를 넘는다는 것은 삶의 전환을 기대하는 것이다. 그래서 아무리 수고로워도 길바닥에 몸을 갈아 넣으며 저 너머 미지의 땅으로 가야 한다. 지친 몸을 타고 흘러드는 정신의 해이함을 다잡으려면 의지할 그 무언가가 필

혜음원지는 개성과 남경을 오가는 관료와 백성들을 위해 1122년에 건립된 고려시대 국립 숙박시설이자 사찰이었다. 가장 안쪽에는 왕이 머물 수 있는 행궁을 따로 마련했다. 북쪽 행궁지에서 혜음원지를 내려다본 모습

요하다. 그래서 옛 고갯길에는 불쑥 탑과 부처들이 숨어 있다. 수고로움, 고립감, 공포가 신앙심을 고양시키는 것이다. 거기에 괴기스러운 이야기들이 사람들의 입을 타고 고갯길에 쌓여 있으니 하소연할 사람들도 필요하다. 혜음령을 넘은 고려사람들이 쉼을 얻고 다시 큰 고을로 나아갈 힘을 주는 곳이 있었으니 바로 혜음원(사적 464호)이다. 『동문선(東文選)』 제64권 기(記) '혜음사 신창기'에는 혜음원의 창건 이야기가 나온다. 개성과 남경을 오가는 길, 허물어진 사찰에 인적이 끊이지 않아 사람들은 어깨가 스치고 말은 발굽이 닿지만 산이 깊어 호랑이와 이리가 무리 지어 살고 불한당이 사람을 해치기도 했다. 이를 딱히 여긴 고려 예종이 1122년에 국립 숙박시설, 혜음원을 건립한 것이다. 위치는 혜음령 근처로 짐작할 뿐 정확히 모르다가 1999년 혜음원(惠蔭院)이라 새겨진 암막새(장식용 기와의 일종)가 수습되어 정확한 위치가 알려졌고, 2017년까지 10차례 발굴조사가 진행되었다. 혜음원지는 동서 약 100m, 남북 약 129m의 규모로 남북 경사지를 총 11단으로 다스렸고 37동의 건물지와 외곽 담장, 수로, 집수정, 우물, 연못지 등으로 구성되었다. 뿐만 아니라 금동여래상, 자기류, 토기류 등 많은 유물이 출토되었고 온돌의 흔적도 남아 있다.

불교 국가였던 고려에서는 사찰이 곧 사회 통합의 장이었다. 사찰이 역, 여관, 종교 기관 등 여러 기능을 수행했기 때문이다. 혜음원지에서도 혜음원, 혜음사라는 명문이 새겨진 암막새가 모두 나와 숙박시설과 사찰이 공

혜음원지는 물을 다스리는 수로와 연못이 일품이다. ①북쪽에서 흘러온 물은 때때로 석축 아래 기다란 수로로 흐른다. 수로를 건너는 계단과 배수를 위해 뚫어놓은 부분이 보인다. ②행궁지 동쪽에 조성한 연못과 화계. 기다란 연못 한가운데 장대석에 오르니 작은 연못이 바라다 보인다.

존했음을 알 수 있다. 혜음원을 지은 직후, 일부 공간을 헐고 왕을 위한 행궁(行宮, 고려와 조선시대에 임금들이 머물기 위해 전국에 세운 처소)을 세우는데 중심축의 북동쪽, 가장 깊숙한 곳에 조성했다. 혜음원지의 외곽엔 약 610m의 담장을 둘렀는데 이는 행궁을 보호하는 역할을 한다. 행궁은 국왕의 거처인 정청(正廳)을 중심으로 좌우에 건물을 덧붙인 형태로 객사와 비슷한 구성을 갖는다. 정청 뒤에 화계(花階, 계단식 화단)로 정원을 조성했고 행궁 누각에서 조망할 수 있도록 동쪽에도 화계와 연못을 두었다.

10년 전 혜음원지를 방문했을 때는 군부대 안내판만이 선명할 뿐 비무장지대처럼 가 닿을 수 없는 땅 같았다. 그날 날씨처럼 곳곳이 방치된 채 고려의 기억만 품고 동면해버렸다. 다시 찾은 날, 혜음원지는 발굴조사를 끝내고 옛 돌과 새 돌이 섞여 기단과 화계, 연못 등이 복원되어 있었다. 멀리서 터를 바라보니 석축(돌을 쌓아 만든 기단)들이 경사를 다스리며 가지런히 시야를 채운다. 혜음원은 석축 위에 가로로 긴 건물군을 배치하고 건물군 사이로 회랑(回廊, 지붕이 있는 긴 복도식 건물)을 조성해 크고 작은 마당들을 갖는다.

혜음원지에서 가장 흥미로운 것은 배수로로, 물을 다스리는 수로시설과 저수시설이 일품이다. 북쪽 뒷산에서 흘러 내려오는 물을 적절히 가두었다가 건물 주변에 흐르도록 했는데 저수시설은 방화수 역할뿐 아니라 바라보는 풍경으로도 작용했다. 석축 아래 기다란 저수시설을 만들었고 물이 흘러가도록 담장을 뚫어놓는 등 정교한 장치를 곳곳에서 확인할 수 있다. 잠시 머릿속으로 긴 회랑과 건물, 화계, 연못, 수로 등을 그려본다. 경사 따라 지붕이 겹치고 물소리는 계속 나를 따라붙는다. 시선이 석축 앞 수로를 따라가다 저수시설인 연못에 묶인다. 연못에 이름 모를 생물체가 수면을 흩뜨려놓으면 물비늘이 일렁이고 구름도 파편 되어 사라진다. 기다란 연못 한가운데 장대석에 오르니 또 다른 작은 연못이 화계에 올라서 있다. 이 작은 연못에는 무엇이 채워졌을까. 물은 날씨 따라 다른 질감으로 흐르고 머물면서 혜음원지에 변주곡을 선사했을 것이다. 지금은 들풀이 주춧돌을 둘러싸고 기왓장은 탑이 되었다. 벌과 들꽃의 땅이 된 고려시대 유적은 폐허의 심층

을 헤아림 받지 못한 채 기억 저 끝에 서 있다. 혜음원지 전 지역에서 불에 탄 흙의 층이 확인되어 1240년대 몽고 침입기에 폐찰된 것으로 추정한다. 다만 기록에 의해 조선 초까지 숙박시설로서의 기능은 이어져 온 것으로 보인다.

고려시대 왕이 남경을 찾을 때 숙박했던 곳이 경기도에 또 하나 남아 있다. 바로 양주 회암사지(사적 제128호)로 이 역시 행궁과 사찰의 기능을 동시에 갖췄다. 회암사는 여러 기록으로 12세기에 창건되었을 것으로 추정하는데 대규모 사찰로 중창(重創)된 것은 외국인 승려와 관련이 깊다. 인도 승려 지공이 자국을 떠나 원나라를 거쳐 고려에 들어와 설법을 전했는데 회암

양주 회암사지 중 왕의 공간이었던 행궁의 모습. 맨 뒤에 3단의 정원이 있고 바로 앞이 왕이 숙박했던 정청의 자리로 객사처럼 양쪽으로 익사(翼舍)를 거느렸다.

사의 산수 형세가 자신의 고향과 닮아 크게 흥할 것이라 했고 그의 제자 나옹(1320~1376)이 대대적인 증축을 통해 크게 확장했다. 이후 승려가 3000여 명이 넘을 정도로 전국에서 가장 대중적인 선종 사찰이 된다. 무학대사가 수양했고 이성계가 왕위를 정종에게 물려주고 이곳에서 머물기도 했다. 행궁은 혜음원지와 마찬가지로 객사처럼 양쪽으로 익사(翼舍, 주건물 좌우에 붙는 부속 건물)를 거느리고 있다. 회암사는 태조 이성계를 비롯해 효령대군, 문정왕후 등 조선 왕실의 절대적인 지지를 얻어 조선 최대 가람으로 조선중기까지 위세를 떨쳤다. 궁궐이나 왕실 관련 사찰에서만 사용되는 청기와와 최고급 도자기, 금속 공예품들이 발굴되어 최고의 장인들이 동원된 것으로 추측한다. 'ㅌ'자의 부챗살 형태를 지닌 다양한 온돌이 발견되어 조선 초 온돌 문화도 파악할 수 있다. 억불정책을 폈던 조선도 초기에는 서민부터 왕까지 불교가 뿌리 깊게 남아 있었지만 문정왕후 이후 쇠퇴기를 맞으며 회암사도 서서히 저물어 간 것으로 추정한다.

몇 해 전, 겨울의 회암사지는 생을 거둬들인 자리에 흙과 돌만 남아 주초도 기단도 더 선명해져 있었다. 새것과 옛것이 섞여 알록달록한 기단, 원형 기둥이 내려앉았을 둥근 기초, 행궁의 정청 좌우로 영역을 구분했던 꽃담이 선명히 들어왔다. 땅을 다스린 기단과 석물이 다시 땅을 닮아가는 미학은 겨울에만 느낄 수 있다. 700년 동안 세월과 대치하며 버티던 회암사지는 오랜 빙하기를 지나 1997년부터 2015년까지 약 20여 년간 12차례의 발굴조

혜음령을 넘어 의주 가는 길에서 만나는 고려시대 불상 용미리 마애이불입상(보물 제93호). 길 건너 묘지에 자비의 시선을 건네고 마음 내키면 만날 수 있는, 길가의 친근한 신으로 남아 있다.

사를 통해 자신을 녹이고 세상에 존재를 드러냈다. 회암사지는 왕도 민초와 다를 바 없는 한낱 중생임을 전하며 불심으로 고려와 조선을 잇는 고립무원(孤立無援)이 되었다.

여름의 문턱, 혜음원지를 떠나 뜨거운 태양 아래 굼뜬 몸을 이끌고 지척의 용미리 석불로 향한다. 입구 소나무 아래, 염불 소리 사이로 잔잔한 바람이 스치더니 기운을 누르던 더위가 금세 사라진다. 강직한 태양도 자유로운 바람과 구름에는 관대하다. 용미리 석불(보물 제93호)은 자연 암반에 새긴 2구의 불상으로 각자의 개성대로 호방하게 서 있다. 둥근 갓을 쓴 왼쪽 불상은 두 손을 가슴 앞에 모아 연꽃을 쥐고 있고, 모난 갓을 쓴 오른쪽 불상은 합장을 하고 있는데, 각각 남자의 얼굴과 여자의 얼굴이라 전해온다. 지방색을 존중했던 고려시대 유적인 두 석불에는 고려 선종(1083~1094)과 관련된 이야기가 서려 있다. 선종에게는 아들이 없었는데, 이를 걱정한 아내 원신궁주(元信宮主)가 어느 날 '장지산의 두 도승이 배가 몹시 고프니 먹을 것을 달라'는 꿈을 꾼다. 왕은 장지산의 바위를 발견한 후 도승을 새겨 불공을 드렸고 이후 아들 한산후가 태어났다고 한다.

인간은 늘 소원을 빌 대상을 찾아다닌다. 그게 눈에 보이면 좋고 크고 웅장하면 더 좋다. 그래서 자연은 때때로 신이 투영된 존재가 되었고, 그 자연에 불상을 새기는 것은 신성한 행위였다. '자연'에서 '신'이 된 석불 앞에서 삼삼오오 절을 하며 눈을 감고 무언가를 비는 사람들. 모두 자신의 고유 의식이며 자신을 위로하는 행위들이다. 세상 속 번뇌를 버리는 의식은 각자 고유의 방식으로 살아 있다. 용미리 석불은 중생의 염원을 반기고 길 건너 공동묘지에도 자비의 시선을 건넨다. 고갯길을 넘어온 고려인들이 부모처럼 의지했던 신들은 이제는 마음 내키면 만날 수 있는, 길가의 친근한 신으로 남아 있다.

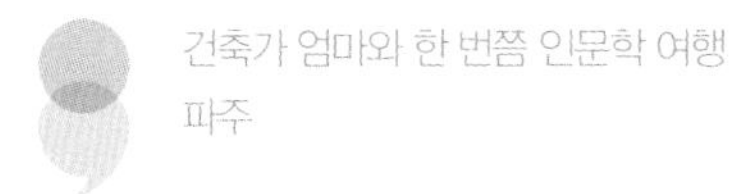

# 조선시대 길지,
# 분단의 자취로 넘실대다

◉ 율곡묘와 화석정, 황희묘와 반구정,
파평면 재건학교, 오두산 전망대

의주 가는 길 따라 임진나루에 다다랐다. 길이 계속되려면 강을 건너야 하는데 그럴 수 없으니 상실감을 느낀다. 여느 강과 다르게 여러 결의 감정이 피어나 서로 엉키고 만다. 달리 선택의 여지가 없으니 체념 끝에 임진강변 따라 남쪽으로 내려갈 수밖에. 결국 그 강변길 따라 임진각과 오두산 전망대를 만나고 싫든 좋든 강 건너 북녘을 맞닥뜨린다. 파주는 그런 땅이다. 강 따라 내려가기 전, 기지촌 마을로 한때 번성했던 파주 장파리에 들렀다. 장파리에서 임진강을 건너면 1973년까지 미군 부대가 주둔하고 있던 곳이 나온다. 그들은 쉬는 날이면 리비교를 넘어 장파리로 건너왔고 마을에는 미군 전용 술집이 여럿 생겼다. 이곳에 전국에서 청소년들이 몰려와 하우스 보이, 구두닦이, 심부름꾼 등을 해서 돈을 벌었다. 이들을 위해 마을 주민들이 부지를 마련하고 미군들이 건축 자재를 제공해 세운 학교가 장파리에 남아 있다. 교실 3칸으로 만들어진 '재건학교'에 학생 60여 명이 모였고 서울에서 대학생들이 와 야학을 했다. 지금

파주 장파리에는 1970년대 초반까지 미군 전용 술집이 여럿 있었다. 이곳으로 청소년들이 몰려오자, 마을 주민들이 부지를 마련하고 미군들이 건축 자재를 제공해 세운 학교가 재건학교이다. 파주 장파리 재건학교의 모습과 벽에 남아 있는 주춧돌

은 장파초등학교 바로 건너편에 폐허 수준으로 방치되어 있다. 그래도 영어로 기록된 머릿돌이 말뚝처럼 벽에 남아 한국 현대사를 침묵으로 증언한다. 지금도 지역 농민들은 전쟁의 잔해가 널린 도로를 지나, 리비교를 건너, 민통선 안쪽에서 농사를 짓는다. 그들의 생업은 아직도 전쟁의 긴장 속에 있다. 장파리는 가세가 기운 집처럼 초라한 행색이지만 잘 닦인 아스팔트 도로는 쭉 뻗어 전쟁의 자취들을 받아낸다. 리비교를 누구나 건널 수 있을 때가 오면 장파리는 현대사의 작은 길목으로 다시 활력을 찾을 수 있을까.

파주는 광주산맥이 북동에서 남서 방향으로 솟아 있어 전체적으로 동쪽이 높고 서쪽이 낮다. 동쪽은 완만한 산들이 감싸 '파(坡)'의 의미처럼 강을 낀 제방과 구릉이 많아 방어에 유리했고, 서쪽은 임진강과 한강 하류 유역으로 비옥한 평야가 펼쳐져 있다. 삼국시대까지 군사적 요충지였던 파주 칠중성은 신라와 고구려 사람들이 왕래할 때 꼭 거쳐야 하는 땅이었고 고려 수도 송악이 머리 위에, 조선 수도 한양이 발 아래 있어 지리적으로 남북의 두 수도를 연결하는 교통의 중심지였다. 덕분에 광해군 시절 지리학에 밝은 이의신은 임란으

1443년에 건립되어 1966년에 복원된 화석정. 율곡 이이는 시간이 날 때마다 화석정을 찾았고 관직에서 물러난 후에도 제자들과 학문을 논하며 여생을 보냈다.

로 한양의 지덕(地德)이 쇠했으니 파주 교하로 천도하자는 상소를 올리기도 했다. 광해군은 교하 땅을 조사해 지도까지 완성하지만 조정의 심한 반대로 실행하지 못한다.

그래도 파주 땅의 옛 풍류와 조우할 때면 분단의 처지도 긍정하게 된다. 그게 강을 낀 옛 도시의 힘이다. 선조들의 강 사랑은 파주에서도 피어나 조선시대의 대표적인 선현, 두 사람의 일생이 임진강에 녹아 있다. 율곡 이이(1536~1584)의 호 '율곡'은 파주 율곡리에서 따왔다. 그는 어린 시절을 이곳에서 보냈고 죽어서도 파주에 묻혔다. 벼슬길에 오른 뒤에도 집안 대대로 물려받은 정자인 화석정(花石亭)을 자주 찾았고 관직에서 물러난 후에는 제자들과 시와 학문을 논하며 여생을 보냈다. 화석정은 이이의 5대조인 이명신이 1443년 건립했는데, 증조부 이의석과 이이가 보수했고 현재의 정자는 한국전쟁 때 불탄 후 1966년에 복원해 완성한 것이다.

화석정에 오르니 5월의 여린 잎들이 햇살에 부딪히면서 생기 발랄한 아우성을 쏟아낸다. 아담한 그 숲 아래, 지난 세월이 우려진 임진강이 내려다 보인다. 온종일 무심히 지나치다가 화석정에서 비로소 허투루 흘려보내던 임진강을 제대로 바라본다. 과거 시험에서 아홉 차례나 장원을 해 구도장원공(九度壯元公)이라 불릴 만큼 영특했던 율곡은 '백성은 먹는 것으로 하늘을 삼으니 먹을 것이 우선되어야 교육도 가능하다'며 민생의 평온을 주장했다.

그리고 스스로를 먼저 다스리고, 뜻을 세우면 반드시 실천해야 한다는 의지가 강했다. 율곡은 왜구의 침략에 대비해 10만 양병설을 주장했지만 받아들여지지 않았다. 그는 틈 나는 대로 화석정 기둥에 기름을 발라두게 했고, 임진왜란이 일어나자 의주로 피난 가던 선조가 한밤중에 불을 밝히기 위해 화석정을 태웠다는 이야기가 전해진다. 제 한 몸 희생해서 왕을 지켰던 정자는 지금 강 건너 장단평야와 북을 바라본다.

율곡 이이를 배향하는 자운서원 강인당 옆, 은행나무가 신명나게 가지를 뻗었다.

화석정 지척에는 율곡과 신사임당을 비롯한 가족묘와 그를 배향하는 자운서원이 사적 제525호로 지정되어 있다. 그가 몸과 영혼을 누인 묘에서도, 살아생전 휴식을 취한 정자에서도 임진강이 바라다 보인다. 자운서원에는 고목 두 그루가 있다. 강인당 양옆, 두 은행나무가 예사롭지 않아 요목조목 살피게 된다. 이 늙은 나무들은 가지를 신명나게 뻗었고 어린 잎들은 가지의 춤사위 따라 서로 뒤엉켜 소리를 낸다. 마치 파주 땅의 한을 달래기 위해 오랫동안 굿판을 벌여온 듯 가지는 살점 하나 없이 앙상하다. 평생 바람을 의지하며 천지신명께 소원을 빌어대니

몸까지 새까맣게 타버렸다.

임진강변을 청렴의 상징으로 읽게 만든 인물이 또 하나 있다. 조선의 최장수 재상이자 청백리로 존경받는 황희(1363~1452)는 관직에서 물러나 임진강변의 반구정에서 여생을 보내다 파주에 묻혔다. 두문불출(杜門不出)의 두문은 황해북도 개풍군의 한 골짜기를 말하는데 고려 말 신하들이 조선의 역성 혁명을 거부하고 은거하며 살던 곳에서 나온 말이다. 조선은 은거하던 황희를 필요로 했다. 그는 태종의 두터운 신임을 얻었고 세종과는 무려 20여 년간을 함께해 조선초기 국가 기반을 다지는 데 큰 공을 세운다. 황희묘 입구에는 민들레가 인기척 없는 곳만 골라 수줍게 만개해 있었다. 시시비비를 가리지 않는 황희의 온화한 성품을 담아 낮은 곳에 은은하게 흩뿌려져 있다. 묘역은 3단으로 조성되어 위계를 두었고 상계에 봉분이 놓여 있다. 봉

황희 정승의 묘역은 3단으로 조성되어 위계를 두었고 상계에 봉분이 놓여 있다. 봉분 아랫부분은 화강암을 둘렀고 중계에 문인석이, 하계에 무인석이 서 있다.

분 아랫부분은 화강암을 둘렀고 중계에 문인석이, 하계에 무인석이 서 있다. 그는 87세에 관직에서 물러난 후 임진강변에서 어부처럼 낚시를 즐겼고 반구정에서 갈매기를 벗 삼아 여생을 보냈다. 반구정에 서면 그의 고결한 인품이 강에 뿌려져 풍경까지 물들인다.

미세먼지가 가득한 날, 오두산 전망대에 서니 정면으로 황해북도 개풍군 관산반도의 모습이 보인다.

흐르는 것들은 인간의 마음을 잡아끈다. 시야가 막힘없이 흐르다 그 강 따라 오두산 전망대에 다다랐다. 임진강은 북한 함경남도 마식령에서 발원해 한탄강 등을 만나 파주를 가로지르다가 오두산에서 한강과 합쳐져 서해로 흘러간다. 오두산성은 백제가 쌓은 성으로 광개토대왕비에 언급된 백제

관미성이라 추정하기도 한다. 약 620m 정도로 정상을 둘러 쌓았는데 지금은 훼손이 많이 돼 서쪽 부근에 짧게 남아 있다. 이곳은 예로부터 군사적 요충지였다. 지금은 비무장지대 폭 중 가장 짧은 지역으로 북한과 직선거리로 약 460m 정도밖에 되지 않는다. 미세먼지가 가득한 날, 건너편 황해북도 개풍군 관산반도가 흐릿하게 보인다. 맑은 날에는 망원경을 통해 주민들의 생활도 볼 수 있다는데 오늘은 땅의 실루엣도 희미하다. 자유로를 타며 강따라 흘러가던 마음이 오두산쯤에서 흐르지 못하고 멈춰 선다. 그래도 임진강은 한결같이 북에서 흘러와 더딘 속도로 서해로 빠져나간다. 땅은 남북으로 가를 수 있어도 흐르는 강은 막을 수 없다. 비록 분단의 응어리가 내려앉아 무겁게 긴장감이 뭉쳐 있지만 그 상처를 걷어내고 막힘없이 흘러가길 한참 동안 북녘땅을, 임진강을 바라보았다.

# 건축의
# 향기

◉ 파주 미메시스 아트 뮤지엄

건축은 '땅'에서 시작한다. 그 땅이 가진 주변의 관계까지 엮으면 '장소'로 확장된다. 장소의 해석은 건축가마다 다르고 건물의 구축 방식도 같은 것이 없다. 그 땅에 기념비적인 건물을 남기고자 하는 '욕심'부터 원래 있던 건물로 남기려는 '내려놓음'까지 모든 것을 가능케 하는 것이 땅이다. 시간은 과정과 결과를 모두 담는데 초창

건축가 알바로 시자는 1992년 건축계의 노벨상이라고 불리는 프리츠커상을 받았고, 2002년 베니스 건축 비엔날레 황금사자상 등을 수상했다. 그가 설계한 파주 미메시스 아트 뮤지엄 전경

기부터 원숙하게 일관성 있는 건축 작업을 이어가는 것은 쉽지 않다. 그 일은 수행자의 것처럼 보이고 능력자의 것처럼 여겨진다. 모더니즘 건축의 마지막 거장이라고 불리는 포르투갈 출신 건축가 알바로 시자(Alvaro Siza, 1933~)는 그 어려운 일을 해냈고, 아직도 해나가는 건축가이다. 그는 1992년에 건축계의 노벨상이라고 불리는 '프리츠커상'을, 2002년에는 베니스 건축 비엔날레 황금사자상 등을 수상한 현대 건축의 거장 중 한 명이다.

그는 '장식은 죄악이다'라는 아돌프 로스(체코 출신 오스트리아의 건축가, 1870~1933)의 구호를 팔십 평생 실천했다. 모더니즘이 세상의 현상을 지나치게 단순화했다는 점과 전통성이 부인되었다는 점을 비판하기도 했던 그는 지역성과 전통성을 유지하는 모더니즘을 추구한다. 그는 장소와 주변 맥락을 끊임없이 분석하며 작품을 구상하는데 이런 철학은 그를 세상에 알린 '포르투의 레싸 수영장'에서 잘 드러난다. 건물을 하나의 물성으로 이뤄지게 하는 것, 그것이 그의 건축 구축 방식의 기준이기도 하다.

구름 한 점 없는 청명한 하늘 아래 알바로 시자가 설계한 미메시스 아트 뮤지엄 앞에 서 있다. 커다란 회오리 바람이 훑고 지나간 듯 유려한 곡선이 미술관 깊숙한 곳까지 파고든다. 건물 전체 모양을 결정짓는 이 대범한 곡선은 내부까지 이질감 없이 스며든다. 관람객은 본능적으로 이 곡선을 따라 미메시스 뮤지엄 안으로 들어선다. 알바로 시자는 노출 콘크리트나 백색의 재료를 사용하는데 내외부의 색을 통일해 사용자가 자연스럽게 건물에 스며들도록 유도한다. 한때 조각가를 꿈꾼 이력 때문인지 미메시스 뮤지엄은 조각가의 커다란 작품 같다. 조각가로서 외부의 형태를 빚고 건축가로서 내부의 기능을 해결하는데 곡선은 시선과 동선을 이끌고 계단과 벽, 천장 등은 직선 또는 기하학적 구성으로 전시 공간을 완성한다.

대범한 곡선이 만든 공간에 이끌리다 2층으로 가는 계단을 오르면 커다란 원통의 천창이 빛의 찰나를 쏟아낸다. 계단은 태양의 각도 따라 시시각각 변하는 빛을 재단한다. 빛은 시간에 따라 건물을 관통하는 양과 각도가 달라 잠재력을 갖는다. 알바로 시자는 빛의 잠재력을 실험함으로써 건축이 무엇인가를 본질적으로 경험하게 한다. '한줄기의 빛'이 얼마나 소중한지 깨달으며 빛을 통해 공간과 교감하게 하는 것이다. 그래서 그가 설계한 공간에 들어오면 관찰자가 되어 공간을 음미하는 재미가 있다. 계단을 오르다 천창 아래 앉아 빛을 받아내는 벽의 시간을 기다리기도 했다. 전시실 내부로 쏟아지는 빛을 맞고 서 있다가 따스한 곡선을 따라 벽의 촉감을 느끼기도 했다. 2층 난간에 서서 아래 공간에서 분주히 움직이는 사람들도 내려다보았다. 어느덧 시선이, 쭉 뻗은 천장의 직선을 따라가다 빛이 비추는 깊숙한 공간까지 다다르더니 그 아래 작품에 종착한다. 그가 구축한 공간은 때때로 시가 되어 튀어 오른다. 뭔가 촉각이 느껴지는 조각품 같고 선율이 있는 음악 같기도 하다.

①태양의 각도에 따라 시시때때로 변하는 빛의 미술관, 미메시스는 건물 자체도 훌륭한 전시품이다. 극적인 빛의 연출을 받아내는 미술관은 '한줄기의 빛'이 얼마나 소중한지 공간으로 깨닫게 한다. ②유려한 곡선이 미술관 깊숙한 곳까지 파고들면서 건물 전체 모양을 결정짓는다. 이 대범한 곡선은 내부까지 이어지고 관람객은 본능적으로 곡선을 따라 미메시스 뮤지엄 안으로 들어선다.

알바로 시자는 건축을 대하는 그의 마음가짐을 다음과 같이 표현했다.

**"건축가는 아무것도 창조하지 않습니다. 단지 실재를 변형(transform)할 뿐입니다."**

그는 방법론에 집착하지 않고 이데올로기적인 구호를 만들지도 않으며 진솔하게 건축 작업 자체를 즐기는 건축가의 면모를 평생 실천하며 살았다. 그리고 공공성이라는 건축의 특수성을 외면하지 않고 진행 사항에 순응하며 건축을 구축해나갔다. 건축을 대하는 한결같은 태도는 건축가에게 늘 자극과 공감을 이끌어낸다. 알바로 시자의 한국 프로젝트는 미메시스 뮤지엄 외에도 안양 파빌리온(2005), 아모레퍼시픽 용인연구소(2010), 경북 군위 사야수목원 내 아트 파빌리온과 채플 등이 있다.

# 책과 문화의 향유지, 파주출판단지

## 파주출판도시는 어떻게 만들어졌을까?

약 30년 전 12명의 출판인들의 작은 결의에서 시작된 파주출판단지. 이들은 국제사회에서 경쟁력을 갖기 위해서는 출판문화의 전 과정을 체계적으로 성장시킬 필요가 있음을 절감하고, 1989년 발기인 대회를 열고 사업협동조합을 결성한다. 1990년에는 출판도시에 참여할 360여 업체의 신청을 받았다. 단지 부

파주출판단지 전경. 정면으로 심학산이 보이고 오른쪽으로 1단계 출판단지가 보인다. 파주출판도시는 파주시 문발동에 출판과 영상 및 관련업체가 모인 국가 공식 산업단지이다. (사진출처: 파주 위키)

지를 물색하다 1993년 정부에 출판단지 조성의 필요성을 건의하고 정부의 지원을 이끌어낸다. 이후 비교적 땅값이 저렴한 지금의 파주 심학산 자락 늪지대로 부지가 정해지고, 원래 군사시설보호구역이었던 곳을 협의를 거쳐 공업지역으로 지정하게 된다. 1998년 11월에 토지조성 공사가 시작되고 2000년 총 40명의 건축가들과 '파주출판도시 시범지구 건축설계' 계약을 맺음으로써 황무지에 본격적인 출판도시의 밑그림이 그려지기 시작한다. 2007년에 출판, 인쇄, 출판유통업체들과 연관 기업 등 250여 개 회사가 입주하면서 약 874,000㎡(260,000평)에 1단계 공사가 완료된다. 그리고 2007년, 2단계 공사에서는 출판뿐 아니라 영상 관련 기업도 참여해 문화적 확장을 이룬다. 100여 개 업체와 15인의 건축가가 참여해, 1단계와는 달리 소단위 블록을 정해 블록을 책임질 건축가를 선임하고 개별 건축을 세워 2012년에 완성했다. 산업단지 남쪽이 1단계, 북쪽이 2단계 지역으로 각 출판 회사의 사옥, 창고, 공장, 상가 건물들이 이어진다.

### ❁ 좋은 책이란, 좋은 도시란 무엇인가?

파주출판단지는 '좋은 책이란 무엇인가, 더불어 좋은 도시 · 좋은 건축은 무엇인가'라는 근본적인 질문을 던지게 한 도시 프로젝트이다. 원래 자연 발생적인 도시는 생존을 위한 채움으로 이루어지지만 계획도시는 자연 발생적인 도시 군락보다 비교적 단기간에 형성되기 때문에 기획 의도와 건축 행위에 대한 구체적인 설계 지침도 중요하다. 이런 도시 프로젝트는 정책을 통한 재개발 외에는 시도된 바가 거의 없기에 파주 출판도시는 새로운 패러다임을 제시하는 도시 프로젝트가 되었다. 출판사들이 모여 기획한 출판도시가 좋은 건축과 결합된 산업단지로 확장되면서 우리나라 산업단지를 재해석하는 흐름도 만들었다. 책도 건축도 창작자의 진정성과 열정이 오롯이 투영되어야 하며 이는 곧 인간의 가치 회복과도 일맥상통한다. 파주출판단지는 현대 건축의 박물관이 되어 건축학도가 견학할 필수 코스가 되었다. 각 사옥은 건축 디자이너들의 개성이 담긴 건축물로 각자의 정체성을 갖는다. 대부분 국내 건축가들이 디자인했다는 것도 의미가 있다. 건축가들은 경제적 효율성을 따져야 하는 직업인데 이런 부담에서 벗어나 각자의 디자인을 추구할 수 있는 기회가 되기도 했다.

### ❀ 헤이리 예술마을

파주출판단지가 군사시설보호지역에서 공업지역으로 바뀌기는 했지만 공업지역에서는 주거시설이나 문화시설의 건설이 불가능했기 때문에 이를 보완하기 위해 별도로 조성한 마을이 헤이리 예술마을이다. 1997년 마을 건설을 위한 발기 모임이 시작된 이후, 파주시 탄현면 통일동산지구에 거주와 문화공간이 조성되었다. 헤이리는 출판계를 넘어 미술, 영화, 건축, 문화 관련한 종합적인 문화예술마을로 탄생했다.

파주출판단지 지혜의 숲 도서관

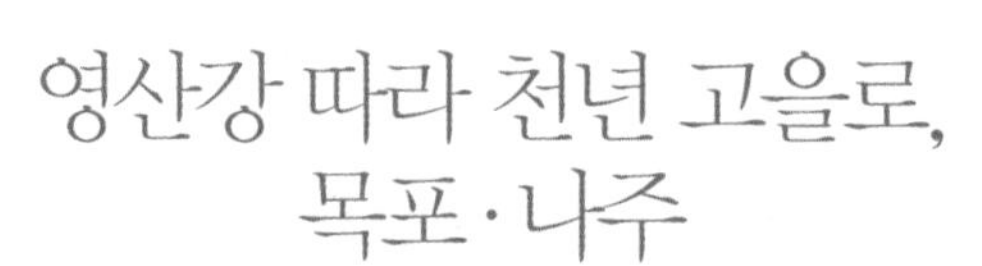

# 영산강 따라 천년 고을로,<br>목포·나주

영산강과 맞대고 있는 나주는 기름진 평야 덕에 전라남도 천년 도읍이라는 영광을 누렸다. 하지만 자신을 낮추며 굽이굽이 돌아 땅의 풍요로움을 싣던 영산강은 수탈의 길이 되고 만다. 전라남도의 풍년과 수탈을 온몸으로 받아들인 두 도시, 나주와 목포를 영산강 따라 만날 수 있다.

느러지 전망대에서 바라본 영산강의 한반도 지형. 강이 360도를 돌아 흐르면서 종종 물돌이 지형을 만들곤 한다.

① 구 동본원사 목포별원
목포시 영산로 75번길 5

② 구 호남은행 목포 지점
(목포 문화원)
목포시 해안로249번길 34

③ 구 목포 화신백화점
목포시 번화로 75

④ 목포진
목포시 만호동 1-33

⑤ 구 동양척식주식회사
목포시 번화로 18

목포
구 동본원사 목포별원
구 호남은행 목포 지점
구 일본 영사관
(근대역사관 1관)
구 목포 화신백화점
구 동양척식
주식회사
(근대역사관 2관)
목포진
목포해양
경찰서
목포 시화마을
목포항
선착장
목포항
목포항국제여객터미널

⑥ 구 일본 영사관
목포시 영산로 29번길 6

⑦ 목포 시화마을
목포시 보리마당로 28-3

⑧ 영산포 등대
나주시 영산동 659-3

⑨ 영산포 일본인 지주 가옥
나주시 예향로 3874

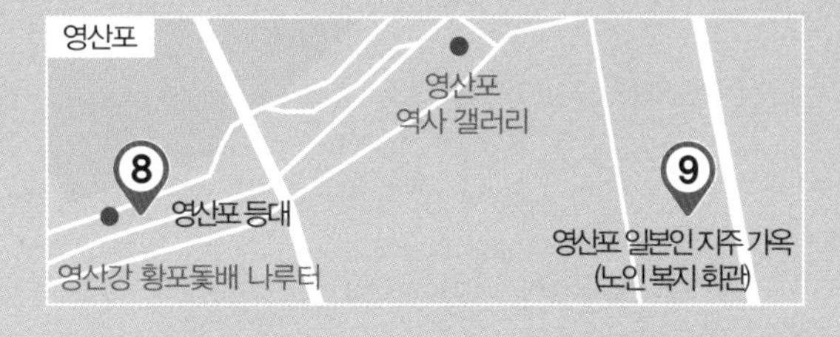


⑩ 나주 금학헌 (목사내아)
나주시 금성관길 13-8

⑪ 나주 객사
나주시 금성관길 8

⑫ 나주 읍성 남고문
나주시 남외동 284

⑬ 나주 향교
나주시 향교길 38

⑭ 나주 사마재
나주시 향교길 36-20

⑮ 나주 읍성 서성문
나주시 서내동 118

⑯ 구 나주 경찰서
나주시 남고문로 65

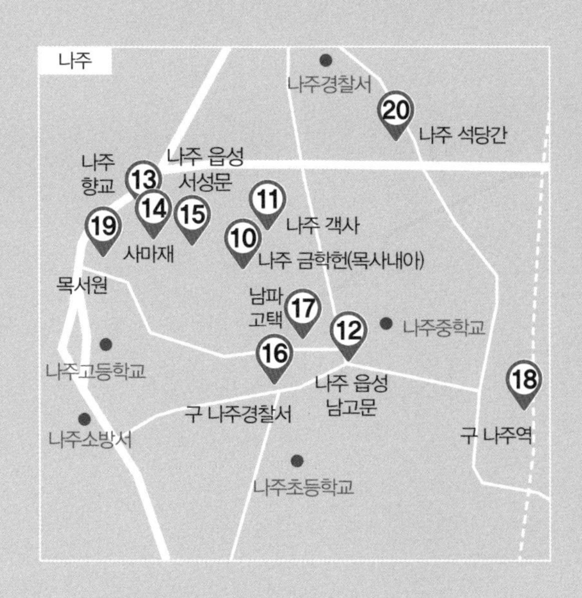


⑰ 나주 남파 고택
나주시 금성길 13 일대

⑱ 구 나주역
나주시 죽림길 20

⑲ 나주 목서원
나주시 향교길 42-16

⑳ 나주 석당간
나주시 석당간길 58-1

# 옥단이,
# 물지게 지고 오네

◉ 목포 세계마당페스티벌,
목포야행, 영산포

물장수 '옥단이'가 저 멀리 물지게를 지고 걸어온다. 지난 세월을 훑듯 요목조목 골목 속 사람들을 살핀다. 그 뒤로 옥단이 차림을 한 물장수들이 늘어서고 풍물패가 신명을 울린다. 버블쇼의 커다란 물방울들이 햇살에 그을려 찬란하게 옥단이를 비추는데 순간 그녀가 진짜 사람 같아 보였다. 일제강점기 시절, 실존 인물이었던 옥단이. 화강암으로 이뤄진 유달산에는 물이 귀했고 사람들이 '옥단어(옥단이를 부르는 목포 방언)'를 외치면 옥단이는 가파른 산동네 비탈길을 누비며 물을 날랐다. 나이도 연고도 알려진 바 없는 그녀는 남의 집 잔심부름을 하거나 물을 길러주며 돈을 벌었다. 유달산 자락을 누비던 옥단이는 80년이 지난 지금, 목포 세계마당페스티벌의 마스코트가 되었다. 페스티벌이 펼쳐지는 목원동은 유달산 북동쪽 산동네로 일제강점기 조선 상권의 중심지였다. 대신 일본은 목원동을 피해 유달산 남동쪽을 간척사업으로 개발해 신도심을 만든다. 격자도로에 위생시설도 잘 갖춰진 목포의 '본정통'이 등장한 것이다.

①실존 인물이었던 물장수 '옥단이'를 콘텐츠로 내세워 마당이라는 전통적 플랫폼을 이용해 세계 각국의 공연예술을 선보이는 세계마당페스티벌 ②목포 구도심을 북적이게 만드는 목포야행, 목포 수탈의 역사를 축제로 만들었다.

옛 본정통 답사를 위해 일주일 만에 다시 목포를 찾았다. 목포 오거리의 구 동본원사(東本願寺) 목포 별원을 시작으로 구 동양척식주식회사를 지나 구 일본 영사관까지 걷기로 했다. 현재 번화로라고 불리는 길로 양옆으로 늘어선 2층 상가건물들 중에는 일본식 뼈대를 가진 건물들이 많다. 일명 마찌야(町家)라고 불리는 주상복합 건물로 1층은 상가로 2층은 주거용으로 사용한 일본식 도시 점포주택이다. 몇몇 집들은 등록문화재로 지정되어 있기도 하다. 김영자 아트홀(예전 화신백화점), 1924년부터 운영되는 갑자옥 모자점, 호남 부호 현준호(1889~1950)가 세운 민족자본은행이었던 구 호남은행 목포 지점까지 둘러본 후 일본인 옛 거류지를 한눈에 보고 싶어 목포진(조선시대 옛 수군 진영. 2014년에 복원)에 올랐다. 적의 침입을 예의 주시하던 옛 해

목포진에서 내려다본 유달산 자락. 왼쪽 첫 봉우리 아래로 서산동 시화마을이 산자락을 가득 메웠고 그 아래, 격자도로로 이어진 목포 근대역사공간이 펼쳐진다. 오른쪽, 동서로 쭉 뻗은 번화로 앞에 유달초등학교가 보인다.

군 진영에 오르면 목포의 근대 역사가 한눈에 훑어진다. 5, 6층 평지붕 사이로 일본식 2층짜리 경사 지붕들이 제멋대로 뒤섞여 있는데 시공간이 묶인 그 거리를 사람들은 오늘도 무심히 지나간다. 수탈의 수출입항으로 살던 목포의 묵은 상처는 도심의 일상 속에 무뎌지고 옅어져 가고 있다.

현재 목포근대역사박물관으로 사용되고 있는 구 일본영사관은 쭉 뻗은 남북대로 끝, 목포항을 굽어보기 좋은 노적봉 기슭에 올라서 있다. 2층 벽돌건물에 흰색 벽돌이 더해져 인상이 경쾌하고 장식도 아기자기해 꾸밈새가 좋다. 한껏 세련된 옛 건물인데도 창문 위 욱일기 장식이 주홍 글씨 같아 불편함이 밀려오는 건 어쩔 수 없다. 때마침, '목포야행'이라는 근대로의 여행이 시작되어 저녁 일정을 소화하기로 했다. 영사관 앞, 구 동양척식주식회사 목포지점 앞으로 인력거를 끄는 사람과 일본인 순사가 활보하고 모던 보이와 모던 걸 사이로 수많은 사람들이 흘러간다. 시공간이 섞인 채 사람들을 따라가다 보니 낮에 걷던 옛 본정통 거리로 다시 들어섰다. 현재를 살던 거리가 저녁이 되니 100년 전의 번화가로 바뀌었다. 본정통에서는 멀리 유달산 기슭에 원칙 없이 집이 들어섰던 조선인 거류지가 보인다. 산이 죽은 자의 땅이었던 오랜 풍수관은 소용없는 현실이었다. 녹록치 않았을 조선인들의 고된 삶의 자취가 유달산에 뿌리 깊게 침전되어 있다.

1897년에 개항한 목포는 '이백(二白)'의 수출입항이 된다. 이백은 쌀과 목화를 뜻한다. 일본은 조선시대부터 농지와 수리시설이 개발되어 있던 호남

목포근대역사박물관으로 사용되는 구 일본영사관. 2층 벽돌건물에 흰색 벽돌이 더해져 인상이 경쾌하고 장식도 아기자기해 꾸밈새가 좋다. 그래도 창문 위 욱일기 장식이 주홍 글씨 같아 불편함이 밀려오는 건 어쩔 수 없다.

평야와 나주평야를 가만두지 않았다. 그들은 수확한 쌀을 영산포에 모아서 영산강 따라 실고 목포에서 수탈해갔다. 영산포는 전라도 2대 조창(漕倉, 세곡을 수납 보관 운송하던 기관)이 있던 곳으로 1902년부터 일본인이 들어오기 시작한다. 영산강은 담양 용추봉에서 발원해 나주 땅을 북동에서 남서로 가로질러 목포에서 빠져나간다. 나주로 가는 길에 영산강의 한반도 지형을 보러 느러지 전망대에 올랐다. 강은 산 모양에 맞춰 흐른다. 그래서 종종 360도를 도는 물돌이 지형들이 생긴다. 영산강도 산골 모양대로 나긋하게 돌고 돌다 바다의 품으로 들어간다. 민족의 젖줄에서 수탈의 길이 된 영산강을 거슬러 전라남도의 오랜 수도였던, 나주에 다다랐다.

영산포의 대지주였던 쿠로즈미 이타로가 1930년대에 지은 일본식 가옥. 2009년 나주시가 매입해 노인복지회관과 찻집으로 운영하고 있다.

1915년에 설치된 영산포 등대는 내륙 유일의 등대로 1989년까지 사용됐다.

## 드넓은 평야, 천년의 도읍을 만들다

◉ 나주 객사, 나주 향교, 나주 읍성

나주는 고려 성종 2년(983)부터 1896년 전라남도 관찰부가 광주로 옮겨지기까지 약 천년 동안 전라남도 최대 고을이었다. 1018년 '전주'와 '나주'가 합쳐져 '전라도'라 불리면서 나주는 지명으로 지금도 옛 영광을 누린다. 그 영광의 시작은 후삼국시대로 거슬러 올라가는데 견훤(867~936)이 전주를 기점으로 전라도를 차지하자 왕건

외삼문을 지나면 멀리 나주의 옛 이름을 달고 서 있는 객사, 금성관과 맞닥뜨린다. 나주는 고려 성종부터 약 천년 동안 전라남도의 최대 고을이었다.

(877~943)은 금성군을 점령하고 나주라 개칭한 후 본인의 주요 거점으로 삼는다. 나주는 고려 때 중요한 호족세력지가 되었고 고려 혜종의 출생지이기도 하다. 나주가 큰 고을로 성장할 수 있었던 것은 드넓고 기름진 땅, 나주평야와 물자와 사람을 실어 나르던 물길, 영산강 때문이다. 덕분에 청동기시대부터 정착민이 살았고 나주 평야 곳곳에 수많은 고분이 느긋하게 솟아있다. 나주가 큰 고을이었다는 또 다른 흔적은 '객사'이다. 객사는 지방 관아건물로 고려 때는 외국 사신을 맞이하는 영빈관의 개념이었다. 조선시대에는 임금을 상징하는 나무패를 모셔두고 매달 초하루와 보름에 관리들이 의식을 거행했고 한양에서 온 사신이 머무는 숙소로도 사용되었다. 왕을 상징했던 곳인 만큼 읍성의 중심에 놓였고 향교와 함께 지방자치단체의 중요한 상징적 건물이었다.

외삼문(정문)을 지나면 멀리 옛 이름을 달고 서 있는 객사 금성관(錦城館)과 맞닥뜨린다. 쉬이 보지 말라며 으름장을 놓듯 멀리서 봐도 자태가 예사롭지 않다. 금성관(보물 제2037호)의 규모와 골격은 1617년 중수 당시의 모습 그대로이다. 해방 이후 오랫동안 나주군청 및 시청으로 사용되었음에도 원래 자리에서 전체적인 원형을 잘 유지하고 있다. 객사 가운데 건물인 정청(正廳)은 일반적인 맞배지붕(앞뒤 지붕면만 보이는 ㅅ자 모양의 지붕)이 아니라 팔작지붕(4면이 경사지지만 좌우에 합각벽이 만들어지는 지붕)이다. 유독 풍채가 당당해 보이는 이유 중 이것도 한몫하지만, 산세가 강하지 않은 너른 평지에 놓여 오롯이 시선을 잡아끌기 때문일 것이다. 금성관에 서면 나주 읍성의 주변 산세가 쉽게 읽힌다. 규모는 다르지만 앉은 자리가 한양과 닮았는데 한양의 북현무인 북악산과 우백호인 인왕산이 붙어 있는 것처럼 나주 읍성 자리도 비슷하다. 조선시대 지리학자였던 이중환(1690~1756)도 나주를 한양의 지세와 비슷하고 예부터 인재가 많이 난 곳이라고 평했다.

사마시에 합격한 생원과 진사들이 걸었던 사마재길 풍경

무심결에 금성관 뒷길까지 걷다 뜻하지 않게 어르신들과 조우했다. 650년을 산 은행나무 두 그루. 공자는 은행나무 아래에서 제자들을 가르쳤다. 벌레가 잘 꼬이지 않는 은행나무는 유생들에게 '공자의 가르침'이자 '정신의 잣대'였다. 나주 향교에도 같은 또래의 은행나무가 있다. 모두 650년을 버틴, 나주의 화석 같은 존재들이다. 나주 향교 옆에는 사마시(성균관의 입학을 허락하는 자격시험)에 합격한 생원과 진

나주 읍성 내 관아에는 객사 '금성관'과 '금학헌'이 남아 있다. 나주 목사의 살림집인 '금학헌' 전경

사들이 공부하던 기숙사 '사마재'가 있다. 그 앞길은 유생들이 나주 읍성으로 가던 사마재길로 지금도 짧게 남아 있다. 옛길의 습성 따라 자연스레 휘어지는 돌담길이 오붓하다. 하숙방처럼 함께 모여 대과에 도전하며 걸었던 길. 그때도 지금처럼 담 너머 불쑥 내미는 꽃가지와 나무들이 긴장을 풀어주며 속 깊은 벗이 되어 주었을 것이다.

사마재길을 빠져나오면 나주 읍성(사적 제337호)의 서문, 서성문과 마주한다. 원래 나주 읍성은 한양 도성처럼 사대문을 갖춘 석성이었다. 고려시대에 처음 쌓아 조선 세조 때 확장하고 현종 때 대대적인 보수공사를 했지만, 일제강점기에 대부분 훼철된다. 오랫동안 방치되다 1993년 남문 터에

나주 읍성 남쪽 문인 남고문. 나주 읍성은 1993년 남문 터에 남고문을 복원해 사적 337호로 지정했고 최근까지 동점문, 서성문, 북망문을 모두 복원했다.

나주 읍성의 서쪽 문 서성문과 일부 복원된 성벽의 모습. 성벽 대부분이 사라지고 겨우 목숨 유지한 서성벽이 성문을 의지해 낮게 휘감아 내려간다.

남고문을 시작으로 최근까지 동점문, 서성문, 북망문을 모두 복원했다. 성곽 중 유일하게 일부 복원된 서성벽은 민가의 담장으로 사용되기도 했다. 대부분이 사라지고 겨우 목숨 유지한 서성벽이 성문을 의지해 낮게 휘감아 내려간다. 성벽 따라 내려오니 얼핏 나주천이 건너 보인다. 다시 거슬러 객사로 이어지는 길들을 누볐는데 짧은 골목길 같은 고샅길이 나주의 둘레길과 잘 어울린다. 고려시대부터 구한말까지 나주 향리들이 지나던 휘어진 길부터 일제강점기에 탄생한 근대식 격자도로, 그리고 그 한가운데를 지나는 나주천변까지 두루두루 편히 돌아다닐 수 있다. 아기자기한 벽화들, 옛 읍성 거리에 창업을 시작한 청년 사업가의 홍보 현수막, 밥상으로 유명한 나

①나주 읍성 둘레길에서 만나는 옛 나주 경찰서, 독립 운동가들이 고초를 겪었던 곳이다. ②호남선 철도역이었던 나주역. 이곳은 3대 독립운동으로 불리는 11.3 학생독립운동의 진원지이다. ③나주 남파 고택은 전라남도의 단일 건물로는 가장 큰 옛 살림집이다.

주반 공예전시관, 유명한 나주 곰탕집 등 나주 읍성 주변에는 각자의 생업이 버무려져 있다. 곳곳에서 보호수로 지정된 고목들을 마주할 때면 나주가 큰 고을이었음을 새삼 깨닫는다. 예기치 않게 일제강점기의 건물들도 만났다. 현재 외과 건물로 사용되는 구 금남금융조합 건물은 1907년에 지어진 서양식 건물로 이후 나주읍 사무소 등으로 사용되기도 했다. 금성교를 지나면 1910년에 지어진 옛 나주 경찰서도 만날 수 있다. 이곳에서 독립 운동가들이 고문을 당했으며 나주 항일 학생운동에 가담한 학생들도 고초를 겪었다. 그 길로 나주천 따라 항일 학생운동을 이끈 고택으로 향한다. 인재가 많이 난 곳이라는 이중환의 말을 곱씹으면서.

1929년 10월 30일, 나주역에서 기차를 타고 광주로 통학하던 조선인 여학생 박기옥, 이광춘, 이금자는 일본인 중학생에게 댕기를 잡히며 희롱을 당한다. 박기옥의 사촌동생 박준채(1914~2001)가 이를 말리면서 싸움으로 번지는데 일명 '나주역 댕기머리 사건'이 터진 것이다. 이 일은 학생운동의 시발점이 되어 광주로 번져갔고 1929년 11.3 학생독립운동으로 발전했다.

나주 남파(南坡) 고택(국가민속문화재 제263호)은 전라남도의 단일 건물로는 가장 큰 옛 살림집으로 이 집안 사람들은 학생독립운동에 깊이 관여했다. 당시 박기옥을 도왔던 박준채가 이 집에 살았는데 종손인 박경중의 작은 할아버지이다. 박경중의 할아버지인 박준삼(1898~1976)도 서울중앙고

등학교 시절 3.1운동에 가담했다 옥살이를 했다. 살림집인 만큼 문이 잠긴 날에는 고택을 둘러볼 수 없는데 운이 좋았는지 마침 문을 오가시는 어머님께 양해를 구하니 흔쾌히 허락하신다. 남파 고택은 나주천 주변 도심에 수줍게 자리 잡았지만 내부로 들어가면 나주의 풍요로웠던 시절을 변호하듯 큰 규모를 자랑한다. 현재의 모습은 20세기 초에 완성된 것으로 1884년에 지어진 초당(짚으로 지붕을 이은 독립된 집), 1917년에 지어진 안채 그리고 바깥 사랑채, 아래채 등 총 7동으로 이뤄졌다. 지주의 집인 만큼 살림채인 안채의 위세가 대단하다. 정면 7칸, 측면 2칸으로 전후좌우 툇간(건물 좌우 끝에 별도의 기둥을 세워 만든 작은 칸)을 두어 실제로는 더 커 보인다. 부엌, 안방, 대청으로 구성되어 있고 원기둥을 세웠으며 겹처마에 팔작지붕을 얹었다. 호남 부농 주거 및 생활 양식을 연구하는 중요한 자료로 남도 지방 상류 주택의 면모를 잘 간직하고 있다.

목서원은 의병장이자 해남 군수였던 정석진의 손자 정덕중이 홀로 계신 어머니를 위해 1939년에 지은 집이다. 한식, 양식, 일식이 복합되어 있는데 대청마루를 중심으로 좌측에 양옥이, 우측에 한옥이 놓여 'ㄷ'자 모양을 이룬다.

옛 나주경찰서, 옛 나주역, 남파 고택을 두루 돌아보니 생소하던 근대의 나주가 선명해졌다. 그제서야 나주 땅이 쟁여놓은 근대의 흔적이 보이면서 하루의 마무리를 목서원에서 맞이하는 행운도 잡게 됐다. 목서원은 의병장이자 해남 군수였던 정석진(1851~1896)의 손자 정덕중이 홀로 계신 어머니를 위해 1939년에 지은 집이다. 전라도 유일의 대서사(건축사)였던 박영만이 설계했고 대목장 김영창이 한옥과 서양식, 일본식 가옥을 조합해 지었다. 집은 'ㄷ'자 모양인데 가운데 대청마루를 중심으로 좌측에 양옥이, 우측에 한옥이 놓인다. 양옥이 사랑채 역할을, 한옥이 안채 역할을 하고 양옥 쪽에 벽돌 벽을 만들어 내외했던 한옥 구성을 따랐다. 양옥은 현관이 따로 있고 2개의 다다미방이 있어 손님 공간으로 분리해 사용 가능하다. 대청마루 우측에는 안방과 부엌이 놓이고, 지금은 카페로 사용되는 옛 창고 건물은 안채와 가깝게 붙어 있다. 목서원은 수납공간이 많으며 도코노마(방바닥보다 한 뼘 높게 만든 벽 공간으로 족자를 걸고 장식물을 놓아둔다), 다다미방 등 일식 흔적이 두루 보인다. 내외부 원형이 잘 보존되어 있으며 한식, 양식, 일식이 복합되어 건축 역사적 가치가 높다.

양옥 다다미방에서 하룻밤을 보낸 다음날, 쏟아지는 햇살이 빚어낸 창살 무늬가 방안 깊숙이 들어왔다. 뜻밖의 햇살과의 교감으로 낯선 외로움이 녹아내린다. 예전 창고였던 카페에서 나주 배로 만든 배청 에이드를 마셨다. 너른 창문 너머 돌담과 나주 향교가 그림 되어 담긴다. 시원스런 한 모금 후

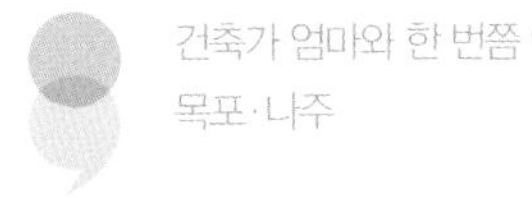

창고였던 공간은 카페로 활용되는데 너른 창문 너머 돌담과 나주 향교가 그림 되어 담긴다.

청량하게 톡 쏘는 맛 뒤로 잘게 썬 배의 과육이 씹힌다. 1454년 최초 재배 기록이 언급된 나주 배가 몇백 년의 시공간을 응축한 채 입안에서 달콤하게 녹아내린다.

다시 천년 고도, 금성으로 회귀해 읍성 동문 밖, 석당간(보물 제49호)에 들렀다. 당간은 보통 사찰 입구에 세워 행사가 있을 때 깃발을 걸어두는 깃대로 당간을 지탱하는 양쪽 돌기둥을 당간지주라 한다. 보통 당간지주만이 남아 절터의 연혁 및 규모를 추측하곤 하는데, 이 석당간에는 절과 관계된 역사적 기록이 없다. 전해오는 말에 의하면 나주의 땅 모양이 배 모양이라 풍수상 안정을 위해 당간을 돛대로 세웠다고 한다. 나주 석당간은 화강암으로 만든 5각의 돌기둥으로 8각의 지붕돌을 얹었고 당간지주가 지탱하고 있다. 당간의 기단은 현재 땅보다 한참을 내려가 있다. 얼핏 당간을 세웠던 고려시대 당시의 지표일 수도 있겠다 싶다. 도시의 땅은 퇴적암처럼 시대의 지표들이 쌓여 현재에 이른다. 광주의 위성도시로 쇠락해 가던 100년의 기운이 때때로 나주 읍성 주변을 휘감지만 전라남도 제일의 고을이라는 900년의 세월도 오랫동안 다져져 오늘을 버텨내고 있다. 단단한 땅이 남긴 매력적인 유산들이 각각 역사성을 안고 잊힌 영광을 되부르며 공존하기 시작했기 때문이다. 요란하지 않게 한갓진 마음으로 어느새 나주의 천년에 녹아들었고 그런 나를 나주가 받아들였다. 무심히 지나치기만 했던, 허투루 보아왔던 역사 도시를 이제라도 제대로 바라볼 수 있어 다행이다.

나주 읍성 동문 밖, 석당간의 모습. 전해오는 말에 의하면 나주의 땅 모양이 배 모양이라 풍수상 안정을 위해 당간을 돛대로 세웠다고 한다.

# 고난을 담아낸
# 몸의 시

◉ 목포 시화마을, 나주 불회사 돌장승

일제강점기, 수탈항으로 번화했던 몇몇 항구들은 해방 후 경제적 기반이 사라지면서 쓰린 현대사를 거친다. 목포 옛 도심은 1980년대에서 멈춰 움츠러들었고 유달산 자락 마을들은 아직도 옛 표정이 고스란히 남아 있다. 유달산 남쪽은 오롯이 바다를 바라보는데 그곳에는 구석져 있지만 따사로운 곳, '다순구미 마을'과 '시화마을'이 있다. 두 마을의 경계가 되는 보리마당을 둘러보고 시화마을을 통해

목포 시화마을의 전경. 고된 산등성이에 기대 바다를 무대 삶아 억척스럽게 살았던 어머니들의 시가 통명스럽게 벽에 남아 감동을 준다.

유달산 자락을 내려왔다. 어머니들의 서투른 시들로 내내 멈춰지던 발걸음. 애써 글을 가르치지 않아 문맹이 많았던 그들의 시대가 담벼락을 타고 흘러내린다. 고된 산등성이에 기대 바다를 무대 삼아 억척스럽게 살았던 할머니들의 퉁명스러운 속내가 이름 모를 쓰라림으로 밀려온다.

세상에서 가장 어렵고 오랜 인내가 필요한 것이 자라는 것들을 키우고 돌보는 일이다. 부지런함과 희생으로 자식 농사, 논 농사, 밭 농사에 온 힘을 다하고 묵묵히 시대의 가난과 억압된 유습을 치러낸 삶들. 온몸에 박힌 희생으로 득도에 다다랐을 할머니들은 그래서 생의 수도자들이다. 그 삶을 회피하지 않고 덤덤하게 '시'로 자신의 언어를 남겼고 그 시들은 날것의 대한민국을 바라보게 한다. 이름 모를 쓰라림은 아무도 편들어주지 않는 시대를 건너온 그녀들을 알지 못했던, 나와 세상에 대한 부끄러움이었다.

시화마을의 시를 물끄러미 바라보자니 불회사의 돌장승이 떠오른다. 나주 불회사에는 18세기 초에 제작된 남녀 돌장승이 있다. 이 중 여장승은 상대를 꿰뚫어보는 커다란 눈망울과 온화하고 거짓 없는 익살스런 미소를 지녔다. 장승은 민간 신앙의 한 형태로 마을이나 사찰의 입구에 서서 수호신 역할을 했다. 이제 옛 할머니들은 마을을 지키는 신이 되었다. 골목에 모여 맛깔스런 웃음소리를 연신 쏟아내는 어머님들의 환한 얼굴이 여장승의 미소와 겹쳐 보인다. 당신들의 삶이 있어 지금의 우리가 있다고, 감사하다고, 내뱉지 못할 속내

를 전하며 그녀들 사이를 가르며 지나왔다. 박해와 차별의 한 세대를 지나온 그녀들의 시가 더 많이 자주 보였으면 좋겠다. 그래야 불편하게 그 시대를, 그리고 나를 성찰할 테니 말이다.

18세기 초에 만들어져 '주장군'이라는 명문이 새겨진 나주 불회사 여장승(국가민속문화재 제11호). 다정한 미소 속 그녀에게서 목포 시화마을 어머니가 겹쳐 보인다.

# 한반도 민간 신앙의 주체, 돌장승

돌장승은 선돌, 신목(神木) 등과 함께 유목 · 농경사회의 산물로 2천 년을 지나왔다. 땅의 경계, 이정표가 되거나 수호신의 역할을 하며 민간신앙의 주체로 자취를 남겼다. 비록 삼국시대에 불교에 습합되면서 위상이 내려앉지만, 사찰 공간에도 호법신(護法神)으로 장승이 계속 세워진다. 그러다 조선시대에는 불교가 쇠퇴하면서 민간신앙으로 다시 대두되기 시작한다. 병자호란 이후 장승의 유행이 본격화되는데 이때 대사찰들이 중창되고 부농(富農) 등으로 계층이 분화되면서 장승은 적극적으로 민중의 삶에 들어온다. 지배계층 문화에서 소외된 불교, 도교가 결합되고 이름도 천하대장군 · 지하여장군, 상원주장군 · 하원당장군 등으로 불리게 된다. 돌장승은 마을과 사찰에 주로 세워지는데 마을 장승은 농업 생산력이 발달한 지역에 두루 퍼져 있다. 사찰 장승은 대부분 입구에 세워져 성역의 시작을 알리는 상징물이 된다. 나주 주변에는 불회사 남녀 장승 외에도 나주 운흥사터, 쌍계사터의 돌장승이 남아 있고 근처 무안 법천사, 무안 총지사터에서도 찾아볼 수 있어 따로 돌장승 답사를 다녀도 좋을 것이다.

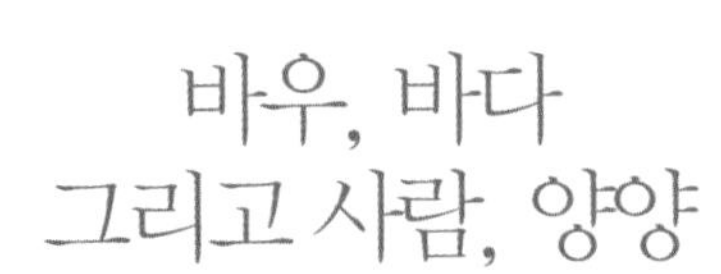

# 바우, 바다
# 그리고 사람, 양양

설악의 능선이 바다를 향해 숨을 거두고 울긋불긋 지붕을 얹은 마을은 생기가 돈다. 그 속에서 여러 세대가 뒤섞이며 생업으로 활기차게 오늘을 사는 사람들. 아련하게 뒤끝을 남기는 것은 이 도시가 가진 어떤 속사정 때문일까.

남애항의 어촌 마을은 울긋불긋 지붕들로 생기가 돌고 백두대간 능선은 바다를 따라 잦아든다. 바다, 산, 사람이 어우러진 풍경이다.

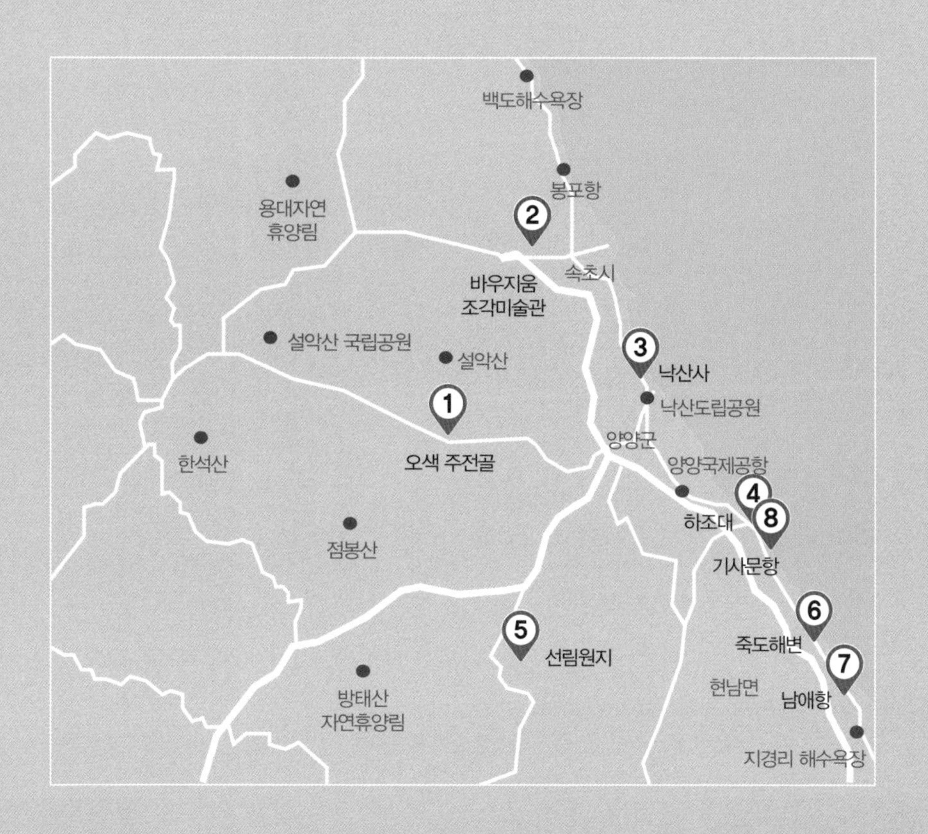


① 오색 주전골
양양군 서면 오색리 산 1-25

② 바우지움 조각미술관
고성군 토성면 원암온천3길 37

③ 낙산사
양양군 강현면 낙산사로 100

④ 하조대
양양군 현북면 조준길 99

⑤ 선림원지
양양군 서면 서림리 424

⑥ 죽도해변
양양군 현남면 인구리 일대

⑦ 남애항
양양군 현남면 매바위길 138

⑧ 기사문항
양양군 현북면 기사문길 8

# 바우, 깨지고 부서져야 아름다운

◉ 설악 오색 주전골,
바우지움 조각미술관

암석이 눈처럼 희다고 붙여진 이름 설악. 헤아릴 수 없는 세월 동안 솟아나고 주저앉은 암석은 바람, 비에 살들이 깎여 나가 자갈이 되고 흙이 되어 설악의 풍경들을 만든다. 억겁의 충돌과 부

양양 오색 주전골은 설악산 한계령에 다다르는 골짜기로 '오색'은 주전골 암반이 다섯 가지 빛을 낸다는 뜻이다. '주전(鑄錢)'은 승려를 가장한 도둑 무리가 위조 엽전을 만들어 붙여진 이름이란 설이 있다.

딪힘을 거쳐 잠시 멎은 풍경이 오늘 내가 바라보는 설악이다. 설악산은 중생대 백악기에 관입 침식으로 형성된, 화강암에 기반한 산이다. 속초, 인제, 양양, 고성에 두루 걸쳐 있는데 이 중 양양 오색 주전골은 설악산 한계령에 다다르는 골짜기이다. '오색'은 주전골 암반이 다섯 가지 빛을 낸다는 뜻인데 바위들은 부드럽게, 강렬하게, 건조하게 각자의 색을 내다가도 계곡물에 젖으면 햇볕에 그을린 듯 붉게 변한다. 계곡물을 받아내느라 애쓴 탓에 가늘고 긴 주름들도 패어 있다. 가늠할 수 없는 긴 세월에 단련된 기암들은 스스로 불로장생의 방장산(신선이 살고 있는 세 개의 산 중 하나)이 되어 이제는 엄하게 계곡을 다스린다. 걸어서는 도달할 수 없는 신선의 산에 들어와 그들에게 조아리면, 재단된 하늘에 구름만이 자유로이 유영할 뿐 도가의 산은 현실을 고립시킨다. 그래도 소나무들은 엄한 봉우리에 몸을 의탁한 채 춤사위를 펼친다. 그들은 그늘진 곳에서는 잘 자라지 못한다. 그래서 경쟁에 밀리면 바위나 절벽까지 올라온다. 절벽에서 모질게 살아남은 소나무는 방장산에서만큼은 그 어떤 나무보다 행복하게 하늘의 빛을 누린다.

설악의 바우(바위의 강원도 방언)를 앞마당에 다소곳이 모셔놓은 곳이 있다. 바우지움 조각미술관에 들어서면, 울산바위가 운명처럼 정면에 서 있다. 바우가 땅이 되고 벽이 되는 미술관에서 연못은 설악과 울산바위를 오롯이 담아낸다. 울산바위가 거기 있기에 미술관과 연못은 이 자리가 숙명이다. 건축은 스쳐가는 이미지를 공간으로 포착하려는 작업으로 바우지움 미

바우지움 조각미술관에 들어서면, 울산바위가 운명처럼 정면에 서 있다. 울산바위가 거기 있기에 미술관은 이 자리가 숙명이다.

술관은 설악을 담는 그릇이 되었다.

미술관의 공간은 '바우'라는 물성이 지배하는데 바로 '벽' 때문이다. 거푸집(기둥, 바닥, 벽 등을 만들기 위해 짜는 틀)에 시멘트 외 돌을 얼마나 채워넣느냐에 따라 각기 다른 벽으로 태어난다. 그래서 콘크리트 벽체의 바우들은 각자의 표정대로 살아 있다. 바람은 습기를 머금은 돌벽에 흙을 실어 나르고 씨앗은 그곳에 뿌리를 내린다. 벽은 시든 나뭇잎도 새순도 모두 속 깊게 받아낸다. 그렇게 미술관의 외피이자 자연을 담는 경계로 존재한다. 전시실에서 울산바위를 바라보다 연못으로 나왔다. 연못 위, 소금쟁이들이 일으키는

바우지움 미술관의 벽들. 거푸집에 시멘트만 채우지 않았다. 돌을 얼마나 채우느냐에 따라 각기 다른 벽으로 태어난다.

작은 파문이 떨어지는 빗물 같다. 그 파문에 울산바위도 흔들린다. 주자학의 기본 철학 '월인천강(月印千江)'. 달빛은 만물에 비치지만 달을 비추는 것은 강물뿐, 마음을 잔잔하게 다스려야 하늘의 뜻도 받아낼 수 있다. 자연의 섭리를 인생에 빗대어 성찰했던 유학자의 태도는 이따금 나를 돌아보게 한다. 바우지움 미술관에서 그 성찰을 하게 하는 힘이 건축에 있음을 느낀다.

# 바우, 바다까지 뻗어 발끝에 닿다

◉ 낙산사, 하조대, 선림원지

장마 끝 언저리, 흐린 오전이 지나자 늑장 부리는 구름들 사이로 햇살이 드러난다. 그 햇살 따라 망망대해에 기대어 소원을 빌 수 있는 곳, 낙산사로 향한다. 이곳에는 진리를 탐구하던 두 사람, 의상(625~702)과 원효(617~686)의 속사정이 깃들어 있다. 명문 귀족가의 아들 '의상'과 6두품 관리직의 아들 '원효'는 모두 진리를 탐구했지만 해답을 찾아가는 자취가 서로 달랐다. 원효는 개인 실존의 구체적인 의미가 중요했고, 의상은 화엄의 사유 체계가 중요했다. 의상은 당나라에서 화엄종을 공부하고 부석사를 비롯한 화엄 10찰을 세운다. 화엄사상은 통일 국가를 이룬 신라 왕실의 절대적인 지지를 받았다. 원효는 '진리는 마음속에 있다'는 깨달음을 얻고 당나라 유학을 포기하고 백성들에게 불교를 설파했다. 원효의 자유롭고 파격적인 행적에는 귀족 불교에 대한 비판이 깔려 있었고 당시 종교 지도자들은 그를 환영하지 않았다. 낙산사는 관세음보살이 설법을 펼치는 보타낙가산에서 유래했고 671년에 의상이 창건했다고 전한다. 의상

낙산사 홍련암의 모습. 이곳에는 신라시대 불교의 쌍벽을 이루는 두 사람, 의상(625~702)과 원효(617~686)의 사연이 녹아 있다.

낙산사 풍경의 물고기가 바람 따라 허공을 떠돌며 '늘 깨어 있으라' 종을 치고 있다.

은 관세음보살을 만난 석굴 위에 홍련암을 세웠지만 원효는 끝내 관세음보살을 만나지 못했다.

홍련암 아래 바우들은 몸을 던지는 파도를 막아내며 여기저기 뜯기고 할퀸 몸을 자랑한다. 부서진 바다는 바우 사이로 잔해를 남기고 망망대해로 빠져나간다. 파도와 바우가 서로 맞부딪히며 만드는 처절한 절경이 해안 절벽 따라 계속 드리워져 있다. 홍련암을 보고 돌아가는 길, 의상대의 소나무가 암벽에서 몸을 추켜세우며 검은 그림자를 내보낸다. 그 아래 정자에 걸터앉아 사람들을 등진 채 바다만을 바라보던 한 스님. 무엇을 게워내고 계신 걸까. 발걸음도 숨죽여야 하는 곳이 수양처라 여겼는데 수선스런 관광객들도 아랑곳하지 않는 스님의 모습에 문득 원효가 떠오른다. 풍경의 물고기가 바람 따라 허공을 유영하며 '늘 깨어 있으라' 종을 쳐대고 있다. 수도자도, 신을 찾는 사람도, 평범한 사람도 결국 세상 안에서 질문하고 답을 찾아가는 것이 아닐까. 원효와 의상으로부터 시간이 흘러 9세기가 되면, 통일신라의 불교도 변화가 시작된다.

왕실, 귀족 중심의 화엄사상이 주도했던 통일신라의 불교는 9세기가 되면서 개인의 수양을 중요시하는 선(禪) 사상이 퍼져 나간다. 그 중심에 중국 유학을 통해 불교의 새로운 조류를 체험한 승려들이 있다. 도의(道義)는 신라에 선 사상을 전파한 초기 인물로 형식에 얽매인 귀족 중심의 신앙에 반성을 촉구한다. 하지만 경주 왕실이 이를 받아들이지 않자 강원도 양양 산골로 들어간다. 그곳에 진전사를 건립하는데, 9세기가 되면 경주가 아닌 깊은 산골에 선종 사찰이 두루 생기기 시작한다. 그중 하나가 양양 선림원지(禪林院址)이다. 이 사찰은 화엄종 계열로 창건되었지만 후에 홍각선사가 선종 계열로 바꾼 것으로 추정한다. 홍천에서 백두대간을 넘는 구룡령에 위치해 많은 사람들이 선림원지에 묵었던 것으로 추측하는데 바로 앞 계곡, 미천골은 '쌀을 씻은 물이 흐르는 계곡'이란 뜻을 지녔다. 미천골은 소담스럽게 계곡물을 흘려보내고 선림원지는 그 앞에 바짝 붙어 있다. 3층석탑 뒤 금당이 놓이고 그 옆 석등 뒤에 건물지가 놓이는데 경사가 급해 두 개의 건물이 나란히 놓여 있다. 양양 진전사지와 마찬가지로 골 깊은 오지에 놓여

설악산의 수려한 산수와 동해 바다를 거느린다. 선종 사찰로 크게 번창하다 900년경 대홍수 등으로 폐사된 후 3층석탑(보물 제444호)과 승탑(보물 제447호), 석등(보물 제445호), 홍각선사비(보물 제446호) 등 보물 4기가 남아 통일신라 시대 불교의 변화를 오롯이 비추고 있다. 선 사상의 승려들은 귀족 불교의 지원을 받지 않고 자급자족으로 사찰을 개창했다. 독립적인 생활을 위해 개간되지 않은 산간을 일구었고 지형에 순응해 건물을 세웠다. 신앙의 본질을 담은 공간만 있으면 그들에게 그 어떤 형식도 중요하지 않았다.

폐사지에 오면 세월의 실체가 낯설다. 겨우 100년을 사는 인간에게 천년은 경험되지 못하고 전수되지 못한다. 그래서 폐사지에서는 아는 만큼 보이고 보이는 만큼 가치를 깨닫는다. 목조건축은 허무하게 재가 되지만 석조유물은 화강석 덕에 천년을 버틴다. 화강암은 단단하고 입자가 균질하며 석산에서 대량으로 공급이 가능했기에 오랫동안 건축자재로 사용되었다. 설

양양 선림원지 앞으로 흐르는 미천골의 모습. 미천골은 '쌀을 씻은 물이 흐르는 계곡'이란 뜻으로 홍천에서 백두대간을 넘는 구룡령에 위치해 많은 사람들이 선림원지에 묵었던 것으로 추측한다.

①양양 선림원지 3층석탑의 모습 ②양양 하조대의 등대. 조선 초, 이방원을 왕위에 오르게 한 하륜(1347~1416)과 조준(1346~1405)이 즐겨 찾던 곳이라 해서 하조대란 이름이 붙었다고 한다.

악의 '악'은 선림원지의 석탑으로 남아 천년을 훌쩍 넘어 미래를 산다. 9세기에 세워진 선림원지 3층석탑은 복원을 통해 원래 위치를 찾았다. 2단의 기단 위에 3층의 탑신이 올려진 전형적인 통일신라 석탑이지만 기단 면에 팔부중상(八部衆像, 중생에게 이익이 되는 여러 신들을 조각으로 나타낸 것)을 새겨 9세기 변화하는 석탑의 모습도 잘 보여준다. 산으로 들어온 불교는 국가적 지원을 벗어나 기복 신앙으로 변모하는데 팔부중상도 그 연장선상에 있다.

바우와 파도의 처절한 운명은 양양의 명승지, 하조대까지 이어진다. 하조대에 올라 시선을 망망대해로 돌리니 어선들이 물비늘을 흩트리며 선을 긋고 지나간다. 오늘은 만선일까. 먼바다는 늘 평온해 속사정을 알 수가 없다. 육지에 맞닿는 순간 격렬하게 파편이 될 뿐이다. 뭐든 가까이 가야 본질에 한 걸음 더 다가설 수 있다. 꽉 찬 하루를 보내고 몸 누울 곳, 양양의 해변 도시로 들어갔다. 그리고 그들의 속사정을 처음으로 들여다보게 된다.

# 뒤섞이고 엉켜 있는
# 이 도시의 속사정

◉ 죽도 해변, 남애항, 기사문항

양양의 서핑 해변 주변, 일상의 닻이 풀린 거리에는 시원스런 음악이 흐른다. 따라붙는 음악들 사이로 불쑥 세련된 건물들과 맞닥뜨리고, 그 사이 함석 지붕 아래 대청에서 어르신들이 담소를 나누신다. 자본에 떠밀려 터전을 떠나게 되지는 않을지 안타까운 시

동해의 일몰은 하늘과 바다가 한 몸이 되어 시시각각 색을 바꾼다. 양양 죽도 해변의 푸른 하늘 사이로 구름과 바다가 보랏빛으로 물들어간다.

남애항은 항구도 아름답지만 속을 오롯이 비추는 사파이어 빛 바다도 일품이다.

선이 어르신들의 미소를 묶는다. 두 소리가 낯설게 뒤섞인 해변 마을에 밤이 내려앉기 시작했고 어스름한 하늘이 일몰로 스며들고 있었다. 보랏빛에 휩싸인 하늘이 시시각각 돌변하며 색을 바꾼다. 바다는 불가항력의 하늘을 받아내고 이내 한 몸이 되어 물들어간다. 구름의 양 따라, 시간과 계절 따라 똑같은 색이 없는 풍경. 1년 후 다시 해넘이를 봐도 그날 보았던 풍경이 아니다. 동해의 일출에만 관심 있었을 뿐, 방심한 찰나에 마주한 동해의 일몰은 낯설고 아름다웠다. 어떤 시간은 흐르는 것이 아니라 마음에 녹아내린다. 그 순간은 몸에 각인되어 평생을 산다. 악다구니하던 내 자신이 흐려져 저 바다 속으로 스며들어갔다. 자연의 일부가 된다는 것은 자유를 얻는 것과 같다.

다음날, 남애항 전망대에 오르니 투명한 바다 빛에 굳은 마음이 풀어진다. 이 바다 덕에 남애는 미항이란 찬사를 얻었다. 멀리 망망대해에서 홀로 해녀 한 분이 물질을 하신다. 날씨가 좋아 고생을 덜 하실 듯싶다. 바다로 더 가까이 다가갔다. 속을 오롯이 비추는 바다 속에서 해초들은 이리저리 몸을 흔들고 치어들은 원을 이루며 함께 옮겨 다닌다. 예민한 게들은 눈치를 보며 바위 틈 속으로 잽싸게 숨어든다. 모두들 맘놓고 바다를 누빈다. 남애항을 멀리서 보고 싶어 한 건물에 양해를 구하고 옥상에 올랐다. 청아한 하늘에 구름이 흩뿌려지고 방파제 따라 배들이 나란히 어깨를 부딪친다. 눈을 돌리니 남애 어촌 체험마을은 울긋불긋 지붕들로 생기가 돌고 백두대간 능선이 바다를 따라 잦아든다. 바다, 산, 사람이 어우러진 풍경이다. 서울로 올라가기 전, 들른 기사문항 곳곳 담벼락에 푸른 바다가 넘실거리고 물고기가 노닐고 있었다. 항구는 젊은 사장들이 영업 준비하느라, 새벽 경매를 끝낸 어부들은 주변을 정리하느라 분주한 아침을 맞는다.

전날 바우지움 미술관에서 초등학생 단체 관람객이 밀물처럼 휩쓸고 들어왔다. 싸우는 건지 노는 건지 알 수 없는 경계를 오가며 아이들의 웃음소리가 팝콘처럼 터져 나왔다. 이 소리가 때로는 불평을 만들기도 하나 보다. 미술관이 어른의 공간일 필요도, 동해의 관광지가 어르신의 공간일 필요도 없다. 뱃일을 하는 주민들과 서핑을 가르치고 게스트하우스를 운영하는 젊은 사장들이 엉켜 있는 양양의 해변들. 모두 생업에 몰두하며 하루를 충실

기사문항의 벽에는 푸른 바다가 넘실거리고 물고기가 노닌다.

히 살아간다. 자연스럽게 여러 세대가 뒤섞이는 이 도시의 변화를, 속사정을 계속 지켜보고 싶다.

# 동해를 바라보고 앉은 설악의 옛 절터들

9세기 말이 되면 통일신라 왕권의 지배력은 실질적으로 경주 일원에 한정되고 지방 호족들의 세력이 성장한다. 선 사상은 호족의 지원을 받아 확장되어 갔고 지방색이 짙은 독창적인 불교 문화재를 만들어낸다. 고려 성종이 중앙집권체제를 만들기 전까지 9, 10세기 석조 유물들이 집중적으로 분포된 곳은 강원도 양양과 강릉 그리고 충주, 여주, 원주의 한강 상류 지역으로 모두 호족세력이 강한 곳이다. 이 중 설악권의 폐사지는 종종 태백산맥의 산줄기를 뒤로 하고 동해를 바라보는 터를 선택해 다른 지역에 비해 독특한 입지를 갖는다. 1000년 전 강원도 지역의 진화하던 신앙의 물결과 조우해 보자. 폐사지에 오면 유독 희미한 실루엣으로 역사를 대면하지만 관광지의 소란스러움 없이 고즈넉이 답사하기 좋다.

## 도의선사를 만나다, 양양 진전사지

진전사지는 8세기 후반 선 사상을 전파한 도의선사가 창건한 사찰로 설악산 대청봉에서 발원하는 물치천 앞에 놓여 멀리 동해 바다를 바라본다. 도의는

①독특한 8각형 탑신을 가진 진전사지 도의선사탑 ②진전사지 3층석탑은 전형적인 통일신라 시대 형식이지만 석탑에 장식을 가미해 변화도 보인다.

784년 당나라로 유학을 가 821년에 귀국해 선종을 전파하려 했지만 왕실이 받아들이지 않자 진전사로 들어와 수도하다 입적했다. 진전사지 3층석탑(국보 제122호)은 2단의 기단에 3층의 탑신이 얹혀진 전형적인 통일신라 시대 형식이지만 석탑에 장식을 가미해 변화를 주었다. 아래층 기단에는 천인상(天人像)이, 윗 기단에는 팔부신중(八部神衆)이 새겨져 있고 1층 탑신의 몸돌에는 불상이 조각되어 있다. 3층석탑에서 조금 떨어진 곳에 도의선사의 것으로 추정되는 승탑(보물 제439호)이 있다. 9세기부터 승려 개인의 사리나 유골을 봉안한 부도가 나타나는데 이것도 선 사상의 영향이 크다. 승탑은 석탑처럼 4각의 2개 기단을 갖지만 탑신은 8각형으로 다른 곳에서는 찾아보기 어려운 방식이다.

## ❁ 자유분방함에 압도당하다, 양양 굴산사지

굴산사는 범일국사(810~889)가 창건한 사찰로, 2002년 발굴조사 결과 동서 140m, 남북 250m의 크기에 법당지(부처를 보시는 불당), 승방지(스님들의 생활 공간), 회랑지(긴 복도로 이어진 건물), 탑지 등이 확인되었다. 우리나라 구산선문(九山禪門) 중의 하나인 사굴산문의 중심 사찰로, 현재는 주변이 농경지로 변했지만 당시 굴산사의 영광을 아낌없이 보여주는 석조 문화재가 남아 있다. 바로 우리나라에서 가장 규모가 큰 당간지주(사찰을 상징하는 깃발의 깃대를 지지하는 두 기둥)이다. 당간은 보통 사찰 입구에 세워져 신성한 영역의 시작임을 알리는 역할도 한다. 농경지 한가운데 있는 굴산사지 당간지주(보물 제86호)는 곱게 다듬어진 일반적인 조형물과는 달리 5.4m의 키로 우뚝 서서 날것의 기운을 아

압도적이고 원시적 기운을 내뿜는 우리나라 최대 규모의 굴산사지 당간지주

우른다. 비장함이 느껴질 정도로 압도적이고 원시적이다. 당간지주에서 장승이 보이고 고인돌이 보이다니 생경한 경험이다. 일반적인 원칙을 따르지 않은 자유분방함이 엿보인다.

### ❀ 석탑과 보살이 한 쌍으로, 강릉 신복사지

선종의 부흥을 이끈 범일국사는 강릉 신복사지도 창건한다. 비록 지금은 도심 옆 작은 터로 남았지만 석탑과 그 앞의 석조보살이 한 쌍이 되어 강릉 지역 불교 문화재의 토착적 예술성을 다시 확인시켜준다. 신복사지 석탑(보물 제8호)은 일반적인 3층석탑의 구성으로 2층 기단 위에 3층의 석탑을 올렸고 꼭대기 머리 장식이 온전히 남아 있다. 대신 기단과 몸돌 각 층 밑에 널돌을 끼워 넣었는데 고려시대 자주 보이는 형식으로 덕분에 수평성이 더 강조되어 보인다. 1층 몸돌에는 부처의 사리나 불경을 안치하는 감실 모양의 조각이 새겨져 있고 2단 기단 아래 기초부에는 지댓돌(기단 하부에 놓이는 지면과 맞닿는 돌) 윗면에 연꽃 무늬를 돌려 새겼다. 탑 앞에는 한쪽 무릎을 세우고 두 손을 가슴에 모은 석조보살(보물 제84호) 좌상이 놓여 있다. 원형의 높은 관을 쓰고 복스러운 얼굴에 웃음을 띠고 있다. 머리카락이 어깨 아래까지 내려오고 옷자락이 몸의 굴곡 따라 사실적으로 조각되었다. 강원도 평창 월정사 팔각 9층석탑(국보 제48호) 앞 보살과 비슷한 기법으로 이 지역의 특징으로 평가된다. 석조보살이 앉은 대좌는 보살이 들어앉을 수 있게 윗면을 둥글게 팠고 연꽃잎이 2겹으로 조각되어 단순해진 고려시대 초기의 표현 양식을 잘 보여준다.

①마치 한 쌍처럼 마주보고 있는 신복사지 석탑과 석조보살 ②석조보살은 머리카락이 어깨까지 내려오고 옷자락이 몸의 굴곡 따라 사실적으로 조각되어 있다.